Jorge
Cham

Daniel
Whiteson

[巴拿马]豪尔赫·陈 [美]丹尼尔·怀特森——著

邓舒夏 尔欣中 苟利军——译

热门宇宙问题答案清单

人类知道的太多了

FREQUENTLY
ASKED
QUESTIONS
ABOUT
THE UNIVERSE

海峡出版发行集团

海峡书局

图书在版编目（CIP）数据

人类知道的太多了：热门宇宙问题答案清单 /
（巴拿马）豪尔赫·陈，（美）丹尼尔·怀特森著；邓舒
夏，尔欣中，苟利军译. -- 福州：海峡书局，2022.10
（2024.1重印）
书名原文：Frequently Asked Questions about the
Universe
ISBN 978-7-5567-0998-4

Ⅰ.①人… Ⅱ.①豪… ②丹… ③邓… ④尔… ⑤苟
… Ⅲ.①宇宙—普及读物 Ⅳ.①P159-49

中国版本图书馆CIP数据核字(2022)第137667号

著作权合同登记号：图字13-2022-058号

出 版 人：林彬
责任编辑：廖飞琴　龙文涛
封面设计：@broussaille 私制
美术编辑：梁全新

人类知道的太多了：热门宇宙问题答案清单
RENLEI ZHIDAO DE TAI DUO LE: REMEN YUZHOU WENTI DA'AN QINGDAN

作　　者：[巴拿马]豪尔赫·陈　[美]丹尼尔·怀特森
译　　者：邓舒夏　尔欣中　苟利军
出版发行：海峡书局
地　　址：福州市白马中路15号海峡出版发行集团2楼
邮　　编：350001
印　　刷：三河市冀华印务有限公司
开　　本：710mm×1000mm，1/16
印　　张：15.5
字　　数：218千字
版　　次：2022年10月第1版
印　　次：2024年1月第5次
书　　号：ISBN 978-7-5567-0998-4
定　　价：68.00元

关注未读好书

客服咨询

献给奥利弗

——豪尔赫·陈

献给塞拉斯和黑兹尔，

他们源源不断的问题启发并打扰了这本书的创作

——丹尼尔·怀特森

目录

经常被问到的引言

每个人都有疑问。

这是人与生俱来的一部分。我们同属一个物种，却可能在很多问题上看法不一：政治观点、钟爱的球队、半夜12点吃墨西哥卷饼的绝佳去处。但有一件事让我们走到一起：求知的渴望。我们都好奇，在内心深处也都有同样的问题。

为什么我不能回到过去？宇宙某处有另一个版本的我吗？宇宙从何而来？人类还能在这个星球上存在多久？以及，谁会在半夜12点吃墨西哥卷饼呢？

幸运的是，我们得到了答案。

过去几百年里，科学取得了惊人的进步。对于一些非常基本的宇宙问题，我们已经了解很多，当然也还有未解之谜（参见我们的上一本书《一想到还有95%的问题留给人类，我就放心了》）。不过，在理解宇宙这件事上，人类似乎正沿着正确的方向前进。进展如此之多，以至于我们觉得是时候把那些最常提及的问题汇集在一起，做一份轻松易读、充满漫画的答案清单了。

在这本书中，我们将探究一些最深刻和最现实的问题，它们关乎人类自己、关乎地球、关乎现实本身的本质。你可曾疑惑，为什么外星人没有造访过我们（假设他们确实没有）？你真的独一无二吗，还是说你只是外星人电子游戏中一个预先编程好的模拟角色？你睡不着时，是否思考过死后可有来生？这些问题的答案，都在你手上这本书里。

这本书的每个章节会论述一个常见的问题，但愿我们可以在这个过程中揭开奇妙宇宙中一些脑洞大开的真相。你可以把这本书当作下一次鸡尾酒会的"开胃菜"，或者短小却吸引人的马桶读物（谢天谢地，我们把每一章都写得很短）。

你可能会问，是什么让我们有资格回答这些问题。请放心，在给定的每一个话题上，我们有足够资格成为权威：我们有一个播客。

我们有一档命名低调、一周两更的音频节目《丹尼尔和豪尔赫解释宇宙》（*Daniel and Jorge Explain the Universe*），并在此讨论从微波到星系际现象，再到假设的基本粒子等各种话题。

正是回答听众的问题激发了我们撰写此书的灵感。对我们来说，回答听众提问是做播客最令人兴奋的时刻之一。打开收件箱，读一则好奇听众深思熟虑过的提问，没有什么比这更能让我们开心一整天了。

我们确实收到了问题！这些提问者的年龄（9岁到99岁）、职业和所在地各不相同。一个来自德文郡的9岁孩子竟然对可观测宇宙提出一些非常棒的问题，你可能会对此感到诧异。

看来发问和求知欲就藏在我们心中。许多人会说，搞懂宇宙的本质和我们在其中的位置是他们活着的乐趣之一。当然，如果不能马上知道答案，或者答案最终引发了更多的问题（就像本书中某些答案一样），这会让人感到沮丧，但是，提问本身也具有力量。

要知道，提出问题的前提是有可能找到答案，我们认为这是希望的表现。还有什么比我们终有一日可以解锁宇宙所有奥秘更让人满怀希望呢？

加入我们吧，追随人类同胞的好奇心，深入那些经常困扰他们的问题之中。这些问题的答案有时出乎你的意料，可能会挑战你的宇宙观；有时又是不完整的，让人备受煎熬，因为它们超出了人类认知的边界。

无论如何，你只需要记住，最大的乐趣存在于提问的过程之中。

好好享受吧！

豪尔赫   丹尼尔

附注：别忘了冲马桶。

为什么我不能回到过去？

老实说，谁说你不能回到过去了？

这是一个再寻常不过的愿望。我们谁不想回到过去找历史上的名人聊聊天，或亲眼见证那些重要时刻的发生呢？这样你说不定就可以弄清楚谁杀死了肯尼迪，或者恐龙为什么灭绝了。

说点儿更实际的，如果能及时回到过去，做一些小事也很棒，比如挽回一件做错的事。要是你把咖啡洒在裤子上了，你可以赶紧回到过去，然后……不让它洒出来。要是你对老板说了一番话现在又后悔了，你可以回到过去，然后不把这些话说出口。要是你点了一个有菠萝的比萨并发现它其实很恶心，你可以回到过去，然后点一个真正的比萨。这就像宇宙中存在一个撤销按钮（相当于Ctrl+Z，或者对Mac的拥趸而言是Command+Z）。

不过，科学家直到现在也没造出这样的撤销装置，"过去"仍然不可改变，时间还是我们的强敌。我们似乎注定要永远活在对过错的悔恨中，宇宙里不存在重新来过。

可是为什么会这样呢？为何我们看似可以改变未来，却不能改变过去？世界上存在将时间旅行全盘否决的深层物理定律吗？还是说时间旅行只是一个棘手的技术问题？这两者之间的区别究竟是什么？

好啦，时间旅行并没有被物理学家全盘否定，你可能会有点儿惊喜。"回到过去"在技术上有可能实现。虽然和你在电影中看到的那样不同，但创建一个"倒带"按钮并非不可能。事实上，在这一章的末尾，我们描绘了一个崭新的且被物理学家认可的时间旅行构想。[1]

所以接下来，戴上你的时光机护目镜，准备好悬浮滑板和德罗宁汽车[2]，因为我们即将出发去回答那个存在已久的问题：为什么我还不能回到过去呢？

知名时间机器

赫伯特·乔治·威尔斯的时间机器　　　德罗宁汽车　　　时间转换器　　　话题标签

现实vs可能vs并非不可能

首先，让我们澄清一下，询问某件事是否"可能"时，首先要看你向谁提问。

如果问一位**工程师**时间旅行有没有可能发生，只要他们认为能用少于1万亿美元的资金在10年内造出一台时光机，他们就会说有可能。

但如果你问**物理学家**一件事是否有可能，他们则会有不同的看法。物理学家会说，如果没有物理定律可以阻止这件事，它就有可能发生。

例如：

1　至少被一名物理学家认可。（如无特别标注，均为原注）

2　编者注：电影《回到未来》中布朗博士改装的时间机器。

任务	工程师	物理学家
用核武器烹饪火鸡	很难，但有可能	当然可以
烤一块山一样大的蛋糕	不可能	完全有可能
在离太阳表面100千米范围内飞行	请别这样	没理由不能
把地球中心挖空，在里面建造一个大型零重力乐园	我放弃了	我批准了

　　由于这是一本关于物理学和宇宙的书，我们就用物理学家的角度看问题，这意味着，在这一章中，我们的目标是弄清楚时间旅行是否违反了任何宇宙定律，而不是弄清楚它是否可以用1470万亿美元在几百年内成为现实。我们相信，一旦物理学家宣布时间旅行是可能的，工程师们总归会找到实现的办法，然后再把它交给软件开发人员，编写出一个应用程序（"Siri[1]，别弄洒我的咖啡"）。

　　想要弄清楚物理学家是否认可时间旅行，首先我们要像物理学家一样思考时间。时间是一个很难被琢磨透的话题，让人们困惑了很长的……呃，时间。总的来说，物理学认为时间是允许宇宙发生变化的东西，它是把"过去"转变为"现在"的一种流动、运动和途径，时间是将一系列静止照片排序组织起来，再变成一部流畅的电影的方法。

　　因为宇宙看起来确实是平稳流动的。它不会从一个时刻突然跳到另一个截然不同的时刻。你不会正坐在沙发上读着这本书，然后又突然间坐在了海滩上。

1　译者注：Siri，苹果产品的智能语音助手。Alexa，亚马逊智能音箱中的语音助手。

这是因为，你的过去限制了现在可能发生的事情。如果你刚才在喝咖啡，那么现在可能发生的事就是享受咖啡或者把咖啡洒到裤子上。其中不包括你突然变成了一条蓝色的龙，还喝着发酵的芹菜汁。

过去发生的事控制着我们的未来，这就是"因果关系"。物理学试图合乎逻辑地理解这个疯狂的、满是咖啡渍的宇宙以及宇宙的变化，"因果关系"便是核心。

这些变化发生得连续而流畅，但**需要时间**。宇宙中没有瞬间发生的事，事件之间互相关联着。你想制作一个比萨，就会面临一些步骤，你不能仅靠打个响指就把面粉、西红柿和奶酪直接变成比萨。宇宙要求你走完以下流程：把食材混合在一起，揉面团，烹饪西红柿，喝酒，烘烤等。[1]这些都是你将一种状态（生的原料）转换成另一种状态（热比萨）所要遵循的。时间则是连接这些步骤的纽带，如果没有时间，宇宙就没有了意义。

当你对时间有了以上理解后，我们来探讨下时间旅行的一些可能性吧。

你不能回到未来

想要时间旅行，最诱人的原因之一是可以穿越到过去改变一些事情，并期待这能影响未来发生的事。比如，不弄洒咖啡，或者买Netflix的股票而不是百视达（致以深切哀悼）的。你想改变过去之后跳回现在，去享受刚才一通操作的成果。

这个概念有一个大问题。很简单，它说不通。

如果我们把时间想成宇宙流动的方式（或者烤比萨饼的方式），就很容易意识到改变过去是无稽之谈。假设某天早上你8点钟醒来，然后自己煮了咖啡。唯一的问题是，这咖啡太难喝了，所以你决定跳上时光机回到早上8点，把煮咖啡换成泡茶。

1　好吧，喝酒并不是宇宙严格要求的。

上午8:10

时间　上午8:00　上午8:10

跳进时间机器

如果你在电影里看到这种情况，这能讲通，但从物理学的角度来看，这讲不通。

从物理学的角度看，（做出了难喝咖啡的）宇宙状态是真实存在的，却与过去的宇宙状态没有联系。如果你当初去泡了茶，那么难喝的咖啡是怎么煮出来的？在物理学家看来，这违反了因果定律：有结果（难喝的咖啡），但没有原因（本来原因是你煮了咖啡，但你已经回到过去把煮咖啡改为泡茶了）。换句话说，这就像你没有把食材组合在一起，却做出一个比萨。

很不幸，这就意味着我们不可能改变过去。违反因果定律等于让宇宙难以自洽[1]，这是物理学家的一大禁忌。

看到这儿你可能会想，**如果分割时间线呢？把历史架空！我在电影《复仇者联盟》里就看到过！**很遗憾，对布朗博士（和钢铁侠）来说，这也讲不通。当想法的产生本身也依赖于时间时，你怎么能做到换一条时间线或创造一条新的时间线呢？时间线本身就**相当于**变化，所以它们不能改变自己。虽然科学家们认真考虑过多重宇宙的概念，但可以在平行宇宙之间移动或选择其中的某一个是不太可能的。

所以，物理学认为你不能突然跳到另一个时间并改变一些事情的原因可太多了。这样一来，你试图操纵股市、物理学致富的梦想也就烟消云散了。[2]

1　译者注：前文提到，宇宙的变化发生得连续而流畅，没有瞬间发生的事件，事件之间互相关联。

2　总之，物理学致富从来就不是什么现实的梦想。

哪里有物理学家，哪里就有办法

恪守因果关系，是否意味着我们**不可能**时间旅行了？不是的！这只意味着我们不可能**改变过去**。如果仅仅是回到过去，并不做出任何改变呢？这也许就行得通了。比如，你想看一看恐龙，或者跳过当下看一看未来是什么样子的，这有可能吗？根据我们目前对物理学的理解，这完全有可能（只是先别问工程师有没有可能）。

要理解这一切是如何运作的，你必须养成一个思维习惯，那就是不仅仅把空间看作空间。物理学家喜欢把空间和时间放在一起，称为"时空"（并不是很有创意）。

我们习惯了在地球表面附近的空间活动，这里的一切都很简单。你抛出去一个球，它会掉下来；你朝哪个方向走，就会去到哪里。地球上的时间也同样简单：时钟嘀嗒向前走，世界各地的时钟一致向前。

但物理学告诉我们，在宇宙的某些地方，空间会变得非常怪异。遇到这些情况，我们最好把空间与时间结合起来。物理学家认为，我们不是在时间**中**穿越空间，而是在穿越一种名为时空的东西。

时空是怪异的，我们很难料到它能搞出什么事来。它可以弯曲，可以把自己折叠起来，甚至可以绕一个圈。

下面我们就来探讨一下，在这种怪异的时空中实现时间旅行的几种方法吧。

无限长的尘埃圆柱

根据爱因斯坦的理论，质量很大的东西周围的时空会发生弯曲。这正是他对引力的想法：引力是空间和时间扭曲的效应，并不是一种力。比如，月球绕着地球转，并不是因为地球的引力在拉着它，而是因为它正围绕着一个被地球质量弯曲的时空漏斗滑行，就像赛车在弯曲的赛道上绕圈一样。

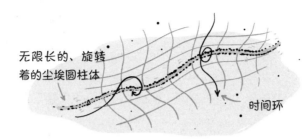

无限长的、旋转着的尘埃圆柱体

时间环

不过质量不仅会弯曲空间，还会拉伸和挤压时间。怪异的质量构型和时间组合在一起，会发生非常奇特的事情。打个比方，如果你能制造出一个无限长的旋转尘埃圆柱体，或许就可以做一些惊奇的事情：在那个奇怪的旋转尘埃柱附近，时间和空间会以一种让你在时间中循环运动的方式弯曲。也就是说，一个物体如果沿着这条路线行走，它就可能会被带回自身出发时的空间和时间。

虫洞

在当代人对时空的最新认识中，时空也可能以其他怪异的方式被弯曲和扭曲。它可以自我折叠，然后在不同的时空点之间创建一条隧道或捷径，这条捷径被称为"虫洞"。你可以把虫洞看作时空的扭曲或重整，它将两个不同时空点连接在了一起。

绝大多数人认为，虫洞连接了空间中的不同点（如果想前往遥远的星系，虫洞或许能发挥作用），但理论上，虫洞也可以连接时间中的不同点。要记住，这两个能力都与"时空"这件大事相关。虫洞不仅可以把你传送到市区另一头你钟爱的珍珠奶茶店，还可以在珍珠奶茶流行之前就把你送过去。

时间

如何以虫洞方式到达未来世界

没可能重新来过了？

　　以上两种可能性的非凡之处在于，它们可以在不违反物理定律的前提下实现时间旅行。只要不惦记着改变过去，你就可以在这个弯曲的时空中穿行，回到过去（或未来）。

　　不过事先声明，虫洞只会把你带到之前所处的同一个时空（你只是走了一个捷径，或者绕了一圈），所以**即使你想改变过去**，也无能为力。也许你真回到了早上8点，告诉当时的自己不要煮咖啡，但如果这样做了，你就会记得这件事，因为你们处在同一条时间线上。你煮了一杯难喝的咖啡，以及不记得有一个从未来穿越过来的自己曾经警告过你这件事，这两个事实意味着未来的你其实根本就没有回到过去。

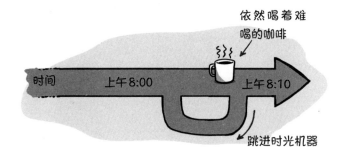

　　这一切能成为现实吗？其实物理学家并不知道！这个问题属于"不知道它不可能[1]，但目前看来完全不切实际"一类。没人造出过无限大的尘埃圆柱体。我们至今依然不知道如何找到虫洞，更别提开启一个虫洞并加以控制了。但很酷的一点是，"不知道它不可能"意味着它仍然有可能，虽然你不能阻止咖啡洒出来，但你仍然可以拜访恐龙，或者看看未来世界的样子。

1　应该指出，一些物理学家认为爱因斯坦的理论有一点儿错误，这样的时间循环也许不可能。

顺其自然

虽然时间旅行有可能实现，但大概不是你所期待的那种。说到这里，你可能会有点儿失望。亲眼看到活的恐龙当然很酷，但如果你必须在咖啡洒了一裤子的时候看恐龙，还能有多少乐趣呢？

为此，我们现在自豪地向你展示一个全新而与众不同的时间旅行方法，一个或许真能让你在不破坏因果关系的前提下，拥有一个撤销按钮的想法。确实，正是为了写这本书，我们才想出这个方法，还琢磨了整整几个小时，但是你瞧，所有伟大的物理学思想都有一个起点，更何况我们当中至少有一个人是受过训练的物理学家。

准备好了吗？问题来喽：如果我们能让**时间倒流**，会发生什么？

要知道，物理学中有很多定律决定着宇宙如何随时间变化。这些定律都假设了时间的流动，却没有一个真正告诉我们时间如何流动。比如，我们不知道时间为什么会朝着一个方向（向前）流动，而不是其他方向。确切地说，我们不明白它为何**必须**如此。不管时间是向前流动还是向后流动的，几乎所有物理定律都能在这两种情况中完美地发挥作用。

我说的是几乎所有。有一两个物理定律似乎会表现出不同的效应。比如，热力学第二定律提到，事物往往会随着时间的推移变得不那么有序，热量也会向外扩散。这就是为什么你更有可能打破一个玻璃杯，而不是不打破它。

但这个定律并没有规定时间向前流动，它只提到**如果**时间能倒流，无序的状态就不得不减少。这看起来可能很怪，我们也从未见过时间倒流，但物理学不能排除这一可能性。

我们的想法就此产生：如果你建造了一台机器，可以有选择地逆转时间呢？比如，机器可以逆转它**内部**时间的流动。机器本身不会移动。对于机器之外的人来说，它只是停在那里，以后也会一直停在那里。但在机器**内部**，规则有所不同。那里的时间会倒流，里面的粒子运动与它们在时间向前的宇宙中截然不同。

如果你能用这种方式控制时间的流动，那么就有可能撤销某些已经发生的事情。比如，你可以将办公室建在这台机器里，并将它的时间流动设置为正常模式。如果你弄洒了咖啡，就可以让机器把时间倒流一小会儿。宇宙其余部分的时间还在正常流动，只不过在机器里面，你的咖啡将不会洒出来。当把机器的时间流动切换回正常模式时，你会发现自己穿上了干净的裤子。当然，你的思维也会回退，所以你可能会在机器外面给自己留张字条：喝咖啡时小心点儿。

一个是穿越回过去，另一个是在特定某点上逆转时间流向，我们可能很难区别二者，但物理学认为这个差别非常重要。事实上，你和机器都没有**穿越**回不同时刻（否则就打破了因果关系），你只是在有限空间里让时间倒流了。如果时间的流动像一条大河，那么这就是在河里制造了些小涡流，让那里的河水暂时倒流。

如果你觉得这个场景太局限了，那就把这项虚构技术再升个级。如果你造了一台强大的机器，足以做到相反的事情，会发生什么呢？如果除了放在这台机器内的东西，这台机器能让整个宇宙时间倒流，会怎么样？你就可以爬到机器里面，按下按钮，看着机器外整个宇宙的时间在倒流。当你走出机器的时候，严格来说你会来到一个更年轻的宇宙（虽然宇宙变年轻了，但并不包括你）。

时间旅行自拍

在这个更年轻的宇宙里，你能做些什么？你可以买入 Netflix 的股票，或者与肯尼迪总统一起闲逛，或者戒掉咖啡。[1]

这是个疯狂的想法吗？是的。我们知道如何让时间倒流，或者让熵[2]减少吗？不知道。这个想法行得通吗？我们也不知道。这完全没有可能吗？根据已知的物理学，也并不是不可能！

这意味着，工程师们，接下来看你们的了。

1　老实说，如果你早点儿做到，我们就不必费这么多事了。

2　译者注："熵"是热力学中表征物质状态的参量之一，是体系混乱程度的度量。

为什么还没有外星人来拜访我们？
或者他们已经拜访过了？

你对外星人来到地球感到兴奋吗，或者感到害怕吗？

作者们求同存异

如果外星人造访我们，会引发很多令人兴奋的事情。想想看：如果外星人能够穿越遥远的星际空间找到我们，那就证明他们比我们先进得多。想想我们能问他们多少问题！宇宙如何运作？宇宙如何诞生？你们怎么实现星际旅行的？为什么有人会在比萨上放菠萝？外星人出现，直接把这些问题的答案告诉我们，这不是很不可思议吗？我们可以跳过几百、几千年的艰苦物理学研究[1]，现在就得到答案。

1　嘿，坐着喝咖啡可是艰苦研究。

　　且慢。如果造访我们的外星人并不像希望中的那样好怎么办？先进异域文明的来访可能令人恐惧，看看人类历史就知道了。当一个更先进的文明与另外一个文明相遇时，通常会发生什么？他们会分享知识和精神财富，然后大家一起和平地吃点儿零食吗？答案是否定的。对于"被探索"的文明来说，结果往往并不好。

　　无论是哪种情况，外星人来访都肯定是一个重大时刻，那我们就要问了：为什么外星人还没有造访过我们呢？毕竟，宇宙中存在生命的可能性相当大。仅我们所在的银河系，恒星的数量就多到令人难以置信（大约2 500亿个），而宇宙中还有数以万亿计的星系，大约每五颗恒星中就有一颗拥有一个与地球相似的行星，这意味着没有无限颗也有百亿亿颗行星有孕育生命的机会。"地球是宇宙中唯一存在生命（甚至智慧生命）的地方"，这种可能性似乎很小。

　　那么为什么外星人没有造访我们呢？他们在躲着我们吗？还是说宇宙太大了，并不适合串门？他们怎么做才能找到我们？

　　为了弄明白这一点，我们来看看下面四种有可能的情况。

情景1：他们已经听到我们的声音，正在找寻我们

　　有一种可能性是，外星人已经听到我们的声音，并且已经在来的路上了。也许外星人是很好的收听者，他们接收到了我们不经意间向太空散布的一些广播和电视信号。他们对地球的幽默和文化着迷，就在此刻，他们立即发射了一艘飞船直奔我们而来。

对于这种情景，物理学有什么要说的吗？外星人有可能已经探测到我们的信号了吗？时至今日，他们是不是已经有足够的时间抵达地球了呢？

一个局限是，我们向太空播放无线电信号的时间并不长。人类大约在一个世纪前才开始播出广播、电视和其他信号。当你被困在车流中幻想着回家时，可能觉得光速似乎已经很快了；但宇宙非常大，即使是以光速传播的信息，也需要很长时间才能到达任何潜在的外星世界。

所以他们即使收听到了我们的信息，也需要很长时间才能过来。

让我们想想这些外星人旅行中的物理可能。我们先假设他们有某种宇宙飞船，速度是光速的几分之一（比如一半，每秒约15万千米）。你可能会担心他们需要花费很多时间加速到这个速度，但有点令人惊讶的是，这只是他们旅程的一小部分。即使他们和我们一样是一种软绵绵的生物，一旦承受比地球引力大几倍的加速度就可能变成布丁，但他们仍然可以在旅途中的大部分时间里全速前进。例如，当加速度是2g（地球引力加速度的两倍）时，你就可以在不到一年的时间里让速度达到光速的一半。

现在来算一下。因为我们仅仅发射了100年无线电信号，那么任何即将到达的外星人都必须生活在33光年以内：我们以光速传播信号，需要33年才能到达外星人那里；而他们乘坐宇宙飞船（假设飞船能以1/2的光速飞行）到达地球大约要66年。在这种情况下，任何居住在33光年**以外**的外星人都没有机会到达地球，因为还没有足够的时间让他们收听到信号并完成他们的地球之旅。

---

1 编者注：在美国的一部情景喜剧《默克与明蒂》（Mork & Mindy）中，演员罗宾·威廉姆斯饰演一个来到地球的外星人，"Nanu nanu"是他惯用的打招呼方式。

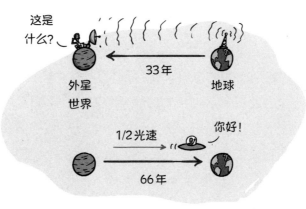

在33光年以内，会不会有外星人生活呢？

我们知道，离我们最近的恒星系统（比邻星）距离我们只有4光年多一点儿，恰好有一颗地球大小的行星围绕中心恒星运行。如果那里**确实有**听到我们信号的外星人，他们会有足够的时间跳上宇宙飞船拜访我们。那么，为什么他们没有这样做呢？一种说法是：他们在等待《迷失》最终季的大结局，这一季于2010年播出，电视信号将在2014年抵达他们的星球。这意味着我们可以期待他们在2022年来到地球，发发这部剧的牢骚。

如果我们看得更远呢？在33光年范围内，我们已知有300多个恒星系统，其中20%的恒星可能会有一颗类地行星。这意味着，到目前为止约有65个类似地球的行星本应该收到我们最早发出的无线电信号，并向我们派出了外星人代表团。

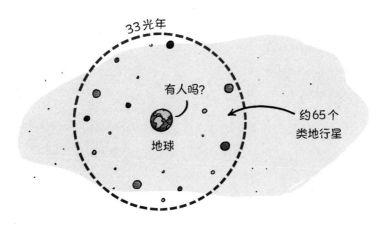

但他们没有。为什么？

当然，导致外星人可能听到我们的信号但没有来拜访的原因有很多。也许他们不喜欢听到的内容，或者他们只是不感兴趣，或者是不想给自己找麻烦。但很难想象，一个可能与我们一样孤立的智慧文明，不会抓住这样的机会接触他的邻居，或者至少查看、回应一下他的邻居。

我们还没有被外星智慧文明造访过，他们没有对我们的无线电信号做出回应，这个事实或许表明了一个更加显而易见的事实：在离我们如此近的范围内，**没有**任何外星智慧文明。这个事实告诉我们，或许这65个行星中存在高级智慧生命的星球数目不超过2（包括地球文明在内）。这似乎是最有可能的解释。毕竟，回顾地球上生命的进化历史以及人类文明的不稳定性，我们生存在地球上的概率似乎远低于1/32.5。

情景2：他们偶然发现了我们

如果我们没有被外星人造访的原因，是在无线电信号收听范围内没有任何外星人，那么也许我们需要考虑外星人找到我们的另一个原因或另一种方式了。毕竟我们的无线电信号抵达的范围就像银河系里的一个小气泡——半径大约100光年。然而，银河系的直径比10万光年还大。这也难怪银河系的大部分地区甚至都不知道我们人类的存在。

还有什么其他的理由能让一个无线电信号抵达范围之外的外星文明造访我们呢？

好吧，银河系有上百亿年历史了。如果存在一种非常发达的外星物种，他们很喜欢到处探索呢？如果他们已经到处探索了几千年或几百万年，偶然发现我们的可能性有多大？

　　很难想象，为什么一个外星物种会花这么多时间来探索银河系，也许他们在寻找好的电视节目，或者美味的新零食（希望不是我们），或者原材料，或者新的定居之地。这是超过10亿年历史的外星文明，谁又能猜出他们的动机呢？但不管有什么原因，让我们先假设他们就在那里，他们正在寻找着。

　　他们能找到我们吗？

　　让我们对他们的探索计划做一些假设。首先，我们假设他们计划使用宇宙飞船。那么他们需要派出多少艘船，经过多少年才能走遍银河系的每一颗行星？

　　我们知道，平均每1 250立方光年的空间里就有一颗类地行星，这些行星之间的平均距离约为11光年。有时你可以在同一个恒星系中找到两颗类地行星，有时它们之间可能会相距50光年甚至100光年。对于长途航行来说，要紧的是平均值，这个平均值大约是11光年。

　　现在，如果他们的每艘探险飞船都以1/2光速航行，那么每艘飞船从一颗行星到下一颗行星都需要22年。这意味着，如果只发射一艘飞船去探索整个银河系，将需要约10 000亿年才能造访银河系的每一颗类地行星。如果这是一项寻找美味零食的任务，那么在返回家园时，美食早就凉了。

　　好消息是，可以仅通过发射更多飞船来加速这一过程。只要飞船朝不同方向出发，并且轨迹不重叠，你发射的飞船越多，可以探索的行星就越多。

　　如果发射1 000艘飞船（大概从某个中心位置向外），你就可以在大约10亿年内造访银河系中的每一颗类地行星。发射的飞船越多，探索银河系所需的时间就越少。如果发射100万艘飞船，那就需要100万年；如果发射10亿艘飞船，这个数字会下降到大约5万年。发射10亿艘飞船后，更多飞船已经没有太大帮助了，因为这些飞船到达银河系边缘仍然需要同样的时间（大约5万年）。

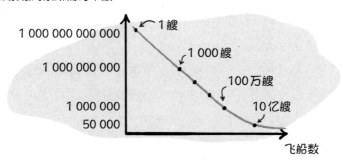

探索银河系所需的年数

发射10亿艘宇宙飞船的图表

5万年听起来可能很长，但与银河系的年龄（135亿年）和地球的年龄（45亿年）相比，几乎算不了什么。

这意味着，如果某个地方**确实有**这样一个外星文明，他们积极访问其他星球，同时还有资源建立一支庞大的飞船探险舰队，那么他们找到我们的可能性就相当之高。事实上，这意味着，如果他们坚持不懈地寻找完美零食，他们可能会相当频繁地造访地球。一旦这些飞船散布到银河系中，它们就可以在不到5万年的时间里造访每一颗行星。

刚才我们仅仅假设只有一个这样的先进文明存在，而如果有很多先进文明都在探索银河系呢？那么某些外星人或者任何外星人偶然发现我们的可能性就更大了。

如果我们还没有被外星人的探索飞船造访过，这意味着什么呢？我们已经是一个非常聪明的物种了，至少在几万年前，我们就能理解周围正在发生什么（有记录的历史可以追溯到大约5 000年前，洞穴壁画可以追溯到4.4万年前甚至更久）。如果有这样一艘探索飞船曾经来访，你可能已经听说了。

我们还没有被喜欢探索的外星人造访过（据我们所知），这一事实告诉我们，也许银河系里并不存在正在探索星系的文明。也许我们没有被外星人造访，原因更多是经济上的，而非物理学或生物学上的：也许宇宙太大了，恒星之间太遥远了，所以探索和造访银河系中的其他行星并没有太大的意义。

情景3：外星人非常非常聪明

好吧，也许建造一支10亿艘飞船的庞大舰队对所有外星文明来说都太难了。让我们面对现实吧，如果仅仅为了寻找新的零食，建造和支配10亿艘船堪称一项繁重的工作。外星人还有**其他**办法找到我们吗？

嗯，还有另一种可能的情景，但它需要一些超乎想象的思维。如果外星人**真的**极其聪明呢？如果他们聪明到想出了更有效的方法探索银河系，那又会怎样呢？

听我们说完：如果外星人建造出能**自我复制**的探险飞船呢？

想象一下，飞船飞入太空，然后自我复制出更多。你可以从几艘这样的自动飞船开始，把它们送往附近恒星系统的方向。它们抵达那里后，第一项工作就是搜索这个恒星系统中的生命。为了避免起飞和着陆的麻烦，你可以给飞船配备功能强大的相机，让它们从太空拍摄行星表面的照片。

下一步，飞船将寻找更多复制自身所需的原材料。例如，我们的太阳系有大量金属和火箭燃料成分飘浮在小行星带上：大块的铁、金、铂和冰。一艘人工智能控制的飞船可以收集复制自身所需的原材料，并给复制出的几艘飞船（比如5艘）燃料。然后，这5艘新飞船可以朝新方向发射，不断重复这种循环。

这一策略使飞船的数量呈**指数级**增长。如果从5艘飞船开始，那么这5艘飞船会变成25艘。在第5轮复制后，你会有3 125艘飞船；第9轮复制后，你会有将近200万艘飞船；仅经过13轮，飞船数量就能超过10亿。

这意味着，一个聪明的外星文明可以发射宇宙探测器，这些探测器用不到100万年就能探索完整个银河系。他们要做的就是建造5艘初始飞船。突然，这件事变得经济多了。

当然，这听起来像是相当复杂的技术，但就连人类工程师也在考虑。我们离能够做到还很遥远，可对于一个更古老、更先进的文明来说，这是可能的。谁知道呢？也许再过几百年，**我们**也有可能造出这样的飞船了。

重要的是，只需要一种文明就能启动这10亿艘船的级联过程。这意味着，如果外星人存在，并且他们足够聪明，那么我们已经被他们的一艘自我复制飞船造访过的可能性就相当大了。

当然，我们还没有看到任何这样的探测器抵达地球并宣布自己的造访，这一事实寓意丰富。也许宇宙中并不存在如此先进的文明，可以由我们实现这一想法。或者，**确实有**先进的外星文明存在，但他们认为造访地球是个糟糕的想法。

别忘了，也许他们并**不想**让我们知道他们的存在呢……

情景4：或者他们已经来过了呢？

在上述所有情景中，我们做了一个小小的假设：当外星人到来时，他们会大张旗鼓地宣布，开启一个物种间和谐相处（或物种间征服）的新纪元。

但是，如果附近的外星人、外星探险家或自我复制的探测器已经造访过地球，而我们没有注意到呢？也许他们来得太早了。我们星球上的生命已经存在了数十亿年，但只有最近几万年的智慧生命才能识别和记录外星人的来访。如果我们错过了他们怎么办？如果他们来访的时候，我们的文明还处在穿着尿布的婴儿阶段怎么办？

如果真是这样，那就没必要觉得我们已经错过了他们，毕竟我们有充分的理由认为他们还会回来。第一次访问地球时，估计他们肯定会注意到地球上生命的酝酿，因为生命在地球形成后不久就开始了，这给了他们回来检查我们的理由。请记住，一支庞大的飞船舰队每5万年就可以探索一次银河系，所以我们也许只需要再等一段时间，等"公共汽车"再回来。

但是等一下。如果我们没有注意到他们来访，原因是他们**不想**让我们知道，这怎么办？如果他们不想和我们说话怎么办？如果我们的基本假设是错误的，他们也不是在找可以一起玩的人，那该怎么办？探索银河系的物理原理不能排除鬼鬼祟祟或害羞的外星访客。也许他们知道不该和有潜在危险的外星人混在一起。（是的，如果我们自己是那种坏外星人呢？）不能指望我们去理解外星人可能想什么。

总而言之，外星人没有造访我们（或者他们曾经造访过我们但没有说）的原因有很多。银河系很大，宇宙更大，关于外星智慧生命存在的可能性，我们不知道的还有很多。我们仍然有可能是银河系（或宇宙）中最聪明的物种，因此其他外星人不太可能在短期内造访我们。

如果是这样，也许该由我们外出交际去拜访其他外星人了。即使不是为了纯粹的探索乐趣，至少让我们为零食而去吧。

还有另外一个你吗？

如果在某个地方有一个你的复制品，那难道不奇怪吗？

某个人和你一样，有相同的喜好（香蕉）和厌恶的东西（桃子），同样的技能（制作令人惊叹的香蕉冰沙）和缺点（不会停止谈论香蕉冰沙），相同的记忆、幽默感和个性。得知这个人的存在，你会不会感到奇怪？你想见见他吗？

或者更奇怪的是，想象一个和你几乎一模一样，但**稍微**有一点儿不同的人。如果存在更好版本的你呢？也许他们可以做出更美味的水果冰沙，或者以更有意义的方式过他们的生活。或者，如果有一个不那么有才华的或者更加刻薄的你呢，就像邪恶分身那样？

这有可能吗？

　　这也许很难想象，但物理学家不能排除存在另一个你的可能性。事实上，物理学家认为不只是可能存在另一个你，而且是很有可能存在。这意味着，就在你阅读这篇文章的现在，可能会有另一个你穿着和你一样的衣服，摆着和你一样的姿势，在读着同一本书（嗯，也许是一个更有趣的版本）。

　　为了弄清楚这意味着什么，以及它的可能性有多大，让我们从"看看你有多特别"开始。

你的概率

　　乍一看，似乎不太可能有和你一模一样的人存在。毕竟，想象一下宇宙为了造就你而不得不发生的所有事情。

　　一颗超新星必须在气体和尘埃云附近爆炸，产生的激波导致气体发生引力坍缩，从而形成我们的太阳和太阳系。一小团尘埃（不到总质量的0.01%）必须聚集在一起，在离太阳恰到好处的距离形成一颗行星，这样水才不会结冰或变成蒸汽。生命必须开始，恐龙必须灭绝，人类必须进化，罗马帝国必须崩溃，你的祖先必须避开瘟疫。然后，你的父母必须见面，并且真的喜欢彼此；你的母亲必须在正确的时间排卵，带有你另一半基因的精子必须在与数十亿精子的冲刺中获胜。这样你才正好出生！

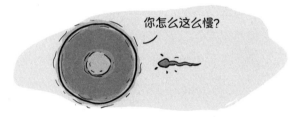

想想你在生活中做出的所有决定，这些决定让你成为现在的你。你曾经吃了很多香蕉，或者没吃。你遇到了一个重要的朋友，或者没遇到。那时你决定留在家里，否则就会被水果车碾过。不知何故，你发现了这本有关宇宙的荒唐的书，并决定读一读。这一切，从45亿年前开始的这一切，造就了此时此地你的存在。

这一切**再次**以**完全**相同的方式发生，从而创造另外一个你的可能性有多大？这似乎不太可能，对吧？

也许不是！让我们回顾所有造就你的随机事件、决定和时刻，并试着计算出这些概率有多大。

让我们从今天开始：从醒来到现在，你做了多少个决定？你可能决定起床、选择穿什么、选择早餐吃什么。所有这些决定，即使看起来很小，也能改变你的人生轨迹。例如，你选择印有香蕉图案的衬衫或领带，这可能意味着你未来的配偶是否会注意到你。我们假设你每分钟都会做出一两个可能改变人生的决定。这听起来很有压力，但如果你认同量子物理和混沌理论的话，这个数字应该**大得多**。假设每分钟只有几次决定，那么你一天就要做出数千个重要决定，一年大概做出100万个。如果你超过20岁，那么就是生活中**2 000万次以上的决定**才造就了今天的你。

接下来，我们假设你所做的每个决定只有两种可能的结果——A或B，香蕉或桃子。说真的，选择还有更多。（你可看到现在一份平常的早午餐菜单上有多少种选择？）但我们还是简单点吧。要计算你因为这2 000万个决定而成为现在自己的概率，你需要计算2的20 000 000次方，写作$2^{20\,000\,000}$。

为什么？因为每一个决定都会让可能性的数量增加。如果你必须选择在床的哪一边起床（右或左）、早餐吃什么水果（香蕉或桃子），以及如何去上班（乘火车或公交车），那么你的一天中就会有2×2×2（或2^3）种做事的方式。你在左侧起床、吃了香蕉，然后坐公交车的概率是$1/2^3$，即1/8。

所以，如果你在生活中做出了2 000万个"A或B"的决定，那就意味着你的生活可能有$2^{20\,000\,000}$种不同的结果，这真是一个很大的数字。而我们才刚刚开始！

我们还必须把你出生的概率算进来，这是你父母做出一些决定的结果。如果我们将它们包括在内，就必须再增加4 000万个决定（父母各2 000万个）。加上你的4位祖父母，就再增加8 000万个决定。还有曾祖父母？那就又增加1.6亿个决定。明白这是怎么回事了吗？每代人的祖先数量每翻一番，潜在影响你的决定就增加更多。人类在地球上已经存在了至少3万年，或者说大约1 500代人。考虑到他们做出的所有决定，这个数字会更大。

实际上，这计算起来有点复杂。因为如果追溯到足够远，你的一些亲戚与其他亲戚有关系，就意味着同一个人可能会在你的家谱中出现两次。这是一个很尴尬的话题，也让运算变得更加困难。简单起见，我们假设你只受每代两个人的影响，也仍然有1 500代人×2×2 000万个决定=600亿个决定。产生现在

的你的概率是 $2^{60\,000\,000\,000}$ 分之一。

但为什么要到此为止？让我们把人类出现之前的历史，和可以追溯到最小微生物的数十亿年进化考虑在内。地球上的生命大约始于35亿年前，如果你一定要绘制一张如此久远的家谱，那么它将主要由微生物和简单的植物构成。它们可能没有做出有意识的决定，但它们受到随机事件的影响：风吹的方式、阳光是否照耀、是否下雨等等。让我们假设，你的微生物祖先每天至少会受到一个随机事件的影响，并且每个随机事件也有两种可能的结果（例如，一块石头有或者没有落在你的微生物祖先身上）。这意味着，我们必须在可能性上再增加1万亿（1 000 000 000 000）个决策事件。

现在，让我们从自己居住的"当地宇宙"一直追溯到45亿年前，太阳系形成之初。然后继续往前追寻那些包含构成你身体原子的恒星或行星，一路回到140亿年前的大爆炸。作为明显的低估，我们再次假设，这些日子的每一天都只发生一件可能影响你生活方向的重要事件。这意味着，在今天之前有大约1千万亿个决策事件，你存在的概率变成了大约 $1/2^{1\,000\,000\,000\,000\,000}$。

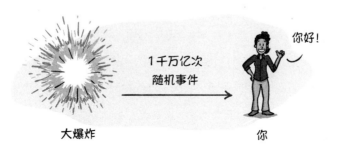

可能性不大，但也不是不可能？

$2^{1\,000\,000\,000\,000\,000}$ 这个数字非常大。试想一下，1后面有大约100万亿个0。这个数字太大了，我们的大脑甚至无法理解它。相比之下，整个可观测宇宙中

只有 2^{265} 个粒子。要得到 $2^{1\,000\,000\,000\,000\,000}$ 个粒子，你必须将整个可观测宇宙的大小平方大约 30 亿次。

当你妈妈说你是个小奇迹时，她不是在开玩笑！曾经存在过与你一模一样的人，或将来会存在的概率是 $1/2^{1\,000\,000\,000\,000\,000}$，也就是几乎为零。如果你再存在一次，就等于掷了一个有 $2^{1\,000\,000\,000\,000\,000}$ 个面的骰子，且很幸运地两次都得到同一个数字。你通常不想把房子押在这种赔率上。

那么物理学家怎么会认为可能存在另一个你呢？嗯，我们生活在一个奇怪的现实中，实际上有几种不同的方式可以让另一个你存在，包括一个你可以真正遇到他们的场景。（邪恶分身音乐响起：当——当——当当当……）

多重宇宙

如果很难想象在这个宇宙中还有另一个你存在，那么也许我们不得不到别处去寻找那个喜欢桃子、喜欢坐火车的你。

许多物理学家被一种想法吸引，即现实中可能不止存在我们这一个宇宙。他们说，也许真的存在**多个**宇宙。你有没有可能在其他宇宙中找到另一个版本的你？这个概念被称为"多重宇宙"，具有讽刺意味的是，物理学家们已经提出了几个不同版本的"多重宇宙"。

不同宇宙的多重宇宙

在多重宇宙的一个版本中，我们的宇宙是无限数量宇宙中的一个。唯一的问题是，每个宇宙都有一点不同。

要知道，如果仔细观察我们的宇宙，你会发现其中很多事情看起来很随意，也有些奇怪。例如，控制宇宙膨胀的宇宙常数恰好是 10^{-122}。为什么是这个值，而不是其他数值？据我们所知，它的数值可以不同，但没有明显理由让它不同，这真的让物理学家们很不舒服。对物理学家来说，每个原因都应该有结果，所以"宇宙常数**就该**是10^{-122}"让他们快发疯了。

物理学家认为，唯一合理的解释是，存在宇宙常数不同的其他宇宙。也许有一个宇宙的宇宙常数是1，而另一个宇宙的宇宙常数是42。每个宇宙都有一个随机值，我们只是碰巧得到了一个奇怪的值。这样一来，我们的宇宙常数是10^{-122}这一事实就不那么奇怪了，我们只是整个无限数量宇宙中的一个随机样本。

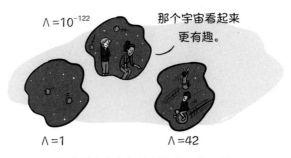

不是所有宇宙都被创造得一模一样

其他宇宙中会有另一个版本的你吗？这很难说。

如果你改变哪怕一个最小的基本参数，那个宇宙会有怎样的不同？在那个宇宙中，生命有可能以同样的方式发展吗？似乎有可能有另一个宇宙，那里和我们宇宙的差异如此之小（比如说，那里的宇宙常数只与我们的相差$1 \times 10^{-1\,000\,000\,000\,000}$%），以至于另一个版本的你可能诞生了。但这就引出了一个不同的问题：如果生活在一个根本不同的宇宙中，那个版本的你会和你一模一样吗？

量子多重宇宙

多个宇宙假说的另一个版本是量子多重宇宙。这个版本源于我们试图解释宇宙中的另一件怪事：量子力学离奇的随机性。

　　根据量子力学，每个粒子都有其固有的不确定性。例如，当你把一个电子射向另一个粒子，你不可能提前知道它是向左还是向右反弹。找出答案的唯一方法是真的发射电子，然后再测量它的方向。

　　但是，是什么让一个电子向左而不是向右，或向右而不是向左呢？我们又一次面临让物理学家发疯的情况：一种没有起因的结果。电子选择去哪条路并**没有原因**？所有的粒子，当它们与其他粒子相互作用时，选择做什么也**没有原因**？

　　"没有为什么"在幼儿园里可能行得通，但对于一个思考宇宙的物理学家来说，这不够好。来进入量子多重宇宙[1]吧。

　　当一个电子必须选择向左还是向右反弹时，宇宙分裂成了两个怎么办？在一个宇宙中，电子向左；在另一个宇宙中，电子向右。如果下一次这两个宇宙中的另一个粒子发生相互作用的时候，这两个宇宙又分裂形成**更多**的宇宙，又会怎么样呢？信不信由你，这对物理学家来说更合理，因为这意味着宇宙不是随机的。为什么电子会左转？因为在另一个宇宙中它向右。这不是随机的，因为电子两个方向都走。

　　这对我们寻找另一个你意味着什么？如果量子多重宇宙真实存在，那就意味着在某处**肯定**有另一个版本的你。事实上，如果每次粒子做出"左"或"右"的决定时都会产生新的宇宙，那么更多的你就会不断涌现出来。在量子多重宇宙中，不是只有一个你，而是有无数的你；就在我们说话的时候，更多的你正在被创造出来。

1　译者注：也就是我们通常所说的平行宇宙，根据量子态所定义的宇宙。

这是一个量子繁荣现象

当然，其中一些宇宙可能是在很久以前被创造的，也许与大爆炸同时产生。它们可能与我们的宇宙截然不同，以至于其中并不存在某个版本的你。也许早期宇宙中，一个向左而不是向右的电子非常重要，所以它产生的多重宇宙的一个完整分支让我们无法识别。或者，多重宇宙可能会有一个分支，在那里量子效应以某种方式将你的生活引向了完全不同的方向。在这种情况下，可能会有你的邪恶分身，做的是桃子冰沙而不是显然更好的香蕉冰沙。

多重宇宙真的存在吗？

在这两个不同版本的多重宇宙中，可能都有另一个你。事实上，在另外的宇宙中可能还有很多个你。但我们知道这些理论是否属实吗？很遗憾，不知道。到目前为止，多重宇宙也只是一个构思出来的想法，用来解释（或者至少作为借口）为什么宇宙看起来如此挑剔。即使其他宇宙存在，我们和它们也没有什么联系，也没有任何办法与它们互动。这意味着我们可能永远无法确认它们的存在，更别提去拜访了。

那么，你和你的邪恶分身之间期待已久的、肥皂剧般的、戏剧性的相遇注定永远不会发生吗？

不一定。还有另一种方式让另一个你存在：他们可能就存在于我们**这个宇宙**中。这意味着你仍有可能见到他们。（音乐再次响起：当——当——当当当……）

我们宇宙中的另一个你

在我们这个宇宙中会存在另一个版本的你吗？明白吗，就是现在所处的这个宇宙。当你读到这篇文章的时候，你和你的邪恶分身会不会正共享同一个空间，甚至同一个星系？

如果在我们宇宙的另一块地方，有一团气体和尘埃，就和我们来自的气体和尘埃云一样，那会怎样呢？如果超新星以恰到好处的方式形成恒星和恒星系统，形成了与我们一样的太阳和太阳系呢？如果在那个太阳系中，有一颗行星的形成和地球一样，与恒星的距离和地球完全相同，那会怎样呢？如果那个地球上发生的事情与我们的地球完全相同，因此出现了一个你的复制品，又会怎么样呢？

之前，我们估计这种情况发生的概率是个反向天文数字，把它比作掷一个有 $2^{1\,000\,000\,000\,000\,000}$ 个面的骰子，并且期望两次都得到同一个数字。[1]

现在，尽管这种可能性肯定很小，但重要的是它们的可能性也不是……零。

---

[1] 顺带一提，我们算了：一个每面面积为1平方厘米的 $2^{1\,000\,000\,000\,000\,000}$ 面的骰子比整个可观测宇宙还要大。

这意味着，尽管你的存在是不可思议的奇迹，但严格来讲，这个宇宙再产生一个你也并非不可能。用一个巨大的 $2^{1\,000\,000\,000\,000\,000}$ 面的骰子掷出两次相同的数字很难，但这并不意味着它不能或不会发生。每当有一团气体和尘埃形成恒星时，就相当于掷了一次骰子，可能造就另一个你。理论上，这可能发生在几个太阳系之外，也可能就在银河系的另一边。关键是，这有可能。

如果我们把宇宙更多的地方纳入考量，你存在的可能性更大。例如，我们的银河系大约有 2 500 亿颗恒星，这意味着宇宙有 2 500 亿次机会掷骰子再产生一个你。当然，把这个 $2^{1\,000\,000\,000\,000\,000}$ 个面的骰子滚动 2 500 亿次，希望再次掷出同样的数字，机会仍然相当渺茫，但外面还有更大的宇宙。

让我们考虑可观测的宇宙。我们知道，在能看到的宇宙里至少有 2 万亿个星系，每个星系都有几千亿颗恒星。现在概率稍微高了一些：现在我们掷 2^{78} 次骰子，希望达到 $2^{1\,000\,000\,000\,000\,000}$ 次中的 1 次。

但是如果宇宙比我们看到的大得多呢？如果它非常大，有大量恒星——$2^{1\,000\,000\,000\,000\,000}$ 颗，会怎么样呢？这意味着你把 $2^{1\,000\,000\,000\,000\,000}$ 个面的骰子掷了 $2^{1\,000\,000\,000\,000\,000}$ 次，让你有了相当大的机会。事实上，这很有可能。[1]如果你有赌博的嗜好，你现在可以考虑拿房子下注了。

宇宙有那么大吗？宇宙中有可能存在 $2^{1\,000\,000\,000\,000\,000}$ 颗恒星吗？实际上，物理学家认为宇宙可能更大，他们其实认为宇宙很可能是无限大的。

无限的宇宙

无限的宇宙是一件很难理解的事情（无论是字面上还是比喻意义上）。想象一下，一个宇宙永远在向四面八方延展。

1　例如，掷6次6面骰子，掷到任何给定的数字（比如6）的概率约为66%，这非常奇怪。

　　这对存在另一个你的可能性意味着什么？如果宇宙是无限的，那么几乎肯定某处会有另一个你。试图掷一枚 $2^{1\,000\,000\,000\,000\,000}$ 面的骰子 $2^{1\,000\,000\,000\,000\,000}$ 次得到产生你的那一次，此时概率可能很高；但如果你得到无限次掷骰子的机会，就肯定能得到这个数字。无穷大是一个如此大的数字，即使 $2^{1\,000\,000\,000\,000\,000}$ 这样的数字也会相形见绌。事实上，如果你无限次掷骰子，你掷出这 $2^{1\,000\,000\,000\,000\,000}$ 面中一面的次数就不是一次而是**无限**次。这意味着，这个宇宙中不只有另外一个你，宇宙中会有无限多的你。

　　想象一下，你跳上一艘火箭飞船，朝一个方向飞去。起初，所有的恒星和星系看起来相差甚远。这在情理之中，因为这些恒星再次形成的可能性相当小。然而，如果你最终观察过的地方足够多，那么即使是非常不可能的事情也会再次发生。你会发现一个地方，那里碰巧有和创造出我们的太阳、地球甚至你本人一样的条件。如果你继续往前，这样的地方还会再次出现，一次又一次，直到无限次。每次经过那些重复出现的恒星，你都能看到其他版本的你：既有完全相同的，也有不同的。这就是无穷大的体量。

宇宙的创意枯竭了

　　你的所有版本都会在同一个宇宙，位于同一个空间里。当然，他们可能离得太远，你永远不可能坐着宇宙飞船真正见到他们。但如果你能找到一种缩短宇宙中距离的方法呢？从理论上讲，虫洞这样的东西能将时空中的不同点连接起来，可以让你更接近其他版本的你。这可是物理学上不能排除的事情！

猜猜谁来吃晚饭了?

总结一下

　　在某处还有另一个你吗?那得看情况。如果多重宇宙真实存在,或者宇宙是无限大的,那么毫无疑问答案是肯定的。如果这两种理论最终都不成立,那么也几乎可以肯定答案是否定的。有趣的是,似乎没有太多中间立场。要么整个宇宙中只有一个你,要么有无限多个你。

　　这才是值得拍成肥皂剧的悬念故事。当——当——当当!

人类还能生存多久？

先从坏消息说起，我们都会死。

如果你希望人类一直存在下去，文明和文化可以延续并繁荣到时间的尽头，那么我们很遗憾地告诉你，这几乎不可能。

当然，人类在相当短的时间内取得了长足的进步。似乎就在昨天，我们才刚刚从树上下来，建造了城市，发明了计算机，找到了榛子酱的配方，理解了关于宇宙的深刻真理。与宇宙的年龄（140亿年）相比，我们才刚刚出生在这个星球上，但是这个疯狂派对还能持续多久呢？

从现在开始的数十亿年甚至数万亿年里，我们会在宇宙的黄金岁月中度过余生吗？或者，我们会像摇滚明星一样，在榛子酱的荣耀之光中熄灭？

要知道，有很多东西威胁着我们的存在。宇宙充满了可能给我们带来各种厄运的危险，从自我毁灭，到被小行星杀死，再到被我们的太阳吞没。想要成为活到时间尽头的物种，意味着我们不能只幸免于其中之一，而是要从**所有事**情中生存下来。

好消息是，我们还有机会。这种可能性取决于两点：一是这些人类灭绝事件发生的可能性，二是我们谈论的时间尺度。因为我们虽然能躲过**现在**杀死我

们的子弹，但可能有来自太空深处的子弹射来，甚至是来自平行宇宙的子弹。

所以，撕毁你过时的玛雅日历吧，因为我们要沿着这个话题一直讨论下去：一直到时间尽头。

迫在眉睫的威胁

想象一下，数十亿年后，人类在宇宙的垂死岁月中聊以度日，坐在那里吃着榛子酱三明治[1]，或许这还让人感到欣慰。但如今，世界似乎随时都有可能毁灭。你在任何一个早晨打开浏览器，都会感觉灾难就在眼前：全球性流行病，疯狂的政客，或者每个人都同时在淋浴时滑倒。

但是，尽管这些事情听起来很具灾难性，可它们真的会终结人类吗？毕竟，我们以前也曾在大流行病中幸存下来，政客不会长生不老，世界卫生组织可以组织起来给每个男人、女人和孩子买一张浴垫。

1　或夹着榛子酱的玉米饼。可以随意讨论。

让我们从物理学角度考虑一下，哪些事情可能真的会终结人类这个种族。当下最直接威胁人类生存的东西是什么？在我们看来，它们是……

核战争

还记得20世纪80年代，每个人都在为核武器担忧吗？你猜怎么着，它们还在这里！我们也许都被推特或TikTok[1]的订阅内容分散了注意力，但不要忘记，我们离人类文明的终结仍只差按下一个红色按钮。这是因为核弹威力巨大。第一批研发出来的核弹可以释放出60万亿焦耳的能量。自那之后，它们又变强了几千倍，并且我们还制造出了更多的核弹。

爆发全面核战争的可能性有多大？比你想象的高。历史上，美国和苏联领导人曾多次处于发动核战争的边缘，其中包括以下可怕的事件：

◎ 1956年，一群天鹅被误判为苏联战斗机，与其他几起无害事件同时发生，差点使得美国官员发动反击。

◎ 1962年，一艘苏联潜艇在古巴海岸外遭到美国舰队的鸣枪示警，苏

---

1 编者注：TikTok是抖音海外版。

联潜艇以为这是袭击的开始，差点向美国发射核武器。

◎ 1979年，一个训练程序意外加载到北美防空司令部的主计算机上，向美国总统发送了一条信息，称苏联已经发射了250枚导弹，需要在3分钟到7分钟内做出反击决定。

◎ 2003年，伦敦郊区的一位老妇在购买生活杂货时，不小心侵入了美国的电脑，当她输入一种球形烟花"樱桃炸弹"的原料时，几乎引发一场核打击。

听起来很荒谬，但以上这些事都真实发生过。好吧，其中有一个没发生，如果你没发现，那我们的目的就达到了。就像道格拉斯·亚当斯小说中写的那样，人类很容易因为一群天鹅之类的蠢事而走向终结。而这甚至还不是侥幸脱险事件的完整列表。

核战争会有多糟糕？非常糟糕。问题不仅是爆炸和辐射。大量进入空中的烟雾和灰尘会阻挡阳光，导致核冬天。几十年里，气温将下降数十摄氏度，使我们在大范围辐射中毒的基础上进入新的冰河时代。或者，如果其中一枚核弹在水体附近爆炸，可能会将大量水蒸气送入高层大气，这将产生一层超级强大的温室气体，导致热量失控，使地球走上越来越热的道路。无论哪种方式，地球都将不适合人类居住。

气候变化

即使能避免把自己炸成碎片，我们仍然要应对"碳排放"的影响。气候变化真实存在，而且是人为制造的。让科学家在**任何事情**上达成一致相当困难，

所以98%的科学家认为气候变化正在发生，这意味着数据肯定相当可靠。

　　一些人可能会对气候变化不屑一顾，认为这没什么大不了。毕竟，地球再变暖几摄氏度有什么不好呢？好吧，如果你对气候变化的严重性有什么疑问，只要随便问一个金星人对这个问题的看法就行了。什么？你不认识来自金星的活人？这就对了。

　　金星的环境是太阳系中最不适宜居住的环境之一。它的表面温度超过800华氏度（约427摄氏度），足以使铅熔化。令人惊讶的是，科学家们认为金星和地球曾经可能很像，这两颗行星很可能由太阳系中同样的物质组成，而金星可能也有过液态的海洋和合理的温度。但在某个时候，也许是因为它靠近了太阳，海洋被蒸发了，引发了失控的温室效应：水蒸气阻拦了更多阳光，使金星变得更热，导致更多的水蒸发，又使这个行星变得更热，长此以往。

　　如果我们不小心，类似的事情可能也会发生在地球上。

失控的技术（"哎呀"）

　　让我们假设人类设法变得聪明，避免炸毁自己或毁掉星球。我们有可能变得太聪明吗？我们有可能发明一种技术，最终杀死我们自己吗？随着我们的技术变得更加强大和复杂，一些科学家认为这才是真正的危险。我们可能创造一种人工智能，后者判定我们已经过时了，需要"退休"；或者我们可能创造出一种灰色黏质——一群自我复制的纳米机器人，它们会失去控制，吃掉地球上所有的有机物质。[1]谁知道我们在不久的将来还会发明些什么技术，然后一不小心

1　真有这种东西，不信去网上搜搜。

把人类全部消灭?

不那么迫在眉睫的威胁

好吧,让我们乐观一些,想象人类已经设法摆脱了核武器,避免了环境崩溃,并且足够聪明到为创造的每一项先进技术设置一个开关。也许我们成为一个更成熟、更明智的文明,已经把那些危险的设备放在一边,学会了为共同生存而携手努力。希望如此,因为很快就会有别的东西来找我们。

如果我们在地球上的危险中幸存,那么在几千年的时间尺度上,其他威胁就开始变得更加真实。也就是说,威胁来自太空。

如果一颗巨大的小行星从太空深处出现,撞击地球并造成了巨大破坏,那该怎么办? 这种情况以前就发生过(还记得恐龙吗?),而且可能再次发生。飞来的可能是一块非常巨大的岩石,大到足以把地球砸碎;或者是一颗曼哈顿大小的小行星,在撞击时向大气抛入足够多的尘埃,导致环境发生了极端变化。正如我们将在后面章节(《会有一颗小行星撞击地球并杀死我们所有人吗? 》)中提到的,这不是我们预测的未来几百年内会发生的事(我们已经在追踪太阳系中大部分可以杀死地球的小行星)。但再过一千年,谁知道呢? 对未来的预测变得非常不确定。

更令人担忧的是,可能还会有其他东西袭击我们。彗星的轨道范围非常大,太阳系中仍有许多我们连轨道也不知道的彗星。其中一颗彗星从它的千年周期

轨道回归时，很可能就会撞上我们。

不管是哪种情况，我们都希望布鲁斯·威利斯还活着[1]。如果我们希望在接下来几千年里幸免于难，就需要一些方法使小行星或彗星的轨道偏离，或者将它们摧毁。

百万年后的威胁

如果以百万年作为时间尺度呢？如果我们设法存活了这么久，那么哪些威胁会变得更有可能发生呢？

嗯，宇宙是一个危险的地方，即使我们以某种方式学会克隆威利斯先生，并制订好《世界末日》（*Armageddon*）般的小行星和彗星应对计划，还是会有东西将我们彻底消灭的。一种真正的危险是，我们整个太阳系可能会被来自深空的来访物体打乱。

我们太阳系中的行星都绕着太阳在精准的轨道上惬意旋转，这些轨道很重要，也很脆弱。可以把每颗行星的轨道想象成在指尖旋转的盘子，这就意味着太阳系内有八个盘子同时旋转。如果来了一个又大又重的访客，把这一切都砸烂了，那该怎么办？这可是星系尺度的灾难。

1　你有没有注意到这家伙似乎不会变老？

　　像星际彗星奥陌陌（'Oumuamua）[1]这样的小访客不会造成任何真正的破坏，但设想一下，万一是非常大的小行星（可能是一颗远道而来的流浪行星）进入了我们的太阳系呢？

　　坏消息是，这样的流浪星球甚至不需要撞击任何东西就能杀死我们，它仅仅是靠得很近就能够破坏太阳系。它的引力足以使其他行星的轨道偏离，在我们这个安静的小社区里造成混乱和无序。

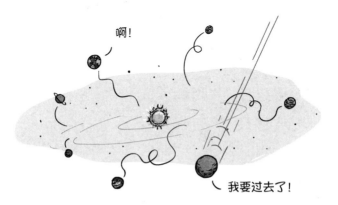

啊！

我要过去了！

　　事实上，事情可以毫不费力地变得对我们不利。地球绕太阳转动的轨道非常脆弱，一个不速之客的小小拉扯就足以改变它。我们最终可能离太阳过近（烤焦地球上的一切）或过远（冻结地球上的一切）。更严重的是，如果小行星离我们足够近，最终可能会把地球从太阳系驱逐出去，让我们永远游荡在太空中。

　　在百万年的尺度上，我们可以让想象力更加丰富。如果不是一颗小行星来破坏我们的太阳系，而是另一颗恒星呢？甚至是一个**黑洞**呢？

　　我们习惯于认为恒星和黑洞都是静止不动的。但它们其实也是太空中的天体，而且也在移动。事实上，银河系中的一切都围绕中心移动，这可不像美好平静的旋转木马。在数百万年内，一颗误入歧途的恒星或黑洞很有可能来到我们身边。

　　那将是相当灾难性的。

　　如果你建立一个模拟太阳系，并向它发射太阳质量大小的物质，太阳系几

1　译者注：已知第一颗经过太阳系的星际天体，这个名字源于夏威夷土著语，意为"第一个来自远方的信使"。

乎**总是**以彻底毁灭而告终。行星们会被抛入太空。当黑洞离开我们附近时，它有时会带走一颗行星。如果黑洞来了把我们带走怎么办？黑洞周围轨道上的生命将是寒冷、黑暗和短暂的。

现在或未来几千年内，我们都看不到这些事情的发生，但数百万年后完全有可能。

这不会是我们的太阳系第一次陷入混乱。如果你观察数百万年来的太阳系，会发现它实际上非常混乱。太阳系现在看来**似乎**只是个平静稳定的地方，那是因为过去几百年里我们没有看到它发生变化，但在更长的时间尺度上，它确实是一个非常危险的地方。事实上，疯狂灾难的证据在太阳系随处可见，比如可能导致月球形成的地球被撞，或者让天王星异常倾斜的奇怪引力事件。我们现在看到的太阳系与数十亿年前的太阳系大不相同。

如果一个误入歧途的流浪行星、恒星或黑洞进入我们的太阳系，很难想象未来人类能对此做些什么。即使是布鲁斯·威利斯的小队也不可能转移或摧毁如此庞大质量的天体。那时，我们如果想生存下去，可能只剩下一个选择：飞向其他恒星。

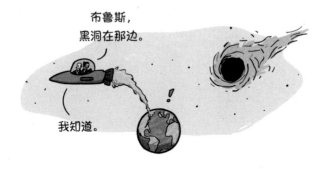

数十亿年后的威胁

让我们展望更远的未来。如果人类存活了数百万年，很可能是因为他们已经可以居住在太阳系的其他地方，或去往其他恒星星系。在这种时间尺度上，他们很可能遇到了什么东西（一个偏离轨道的行星或黑洞），导致他们离开地球。

但即使他们没有，我们也知道未来人类最终将不得不离开地球。

我们的恒星，这颗已经快乐燃烧了40多亿年的恒星，将在未来发生变化。约10亿年后，它将变得更热、更大。事实上，在10亿年内，太阳会变得非常大，它的表面将膨胀到地球现在所处的位置。因此，除非我们开发出一些**真正**惊人的防晒霜技术，否则必须搬家。也许我们会搬到小行星带或带外行星上去。还记得冥王星吗？希望它不会怀恨在心。

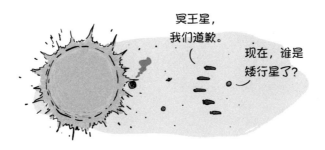

但是，即使我们找到一颗舒适的小行星，或者在冥王星上安顿下来，时间也还在一点一点过去。再过10亿年，我们的太阳将会逐渐熄灭沉寂，耗尽大部分气体，成为一颗不能燃烧的白矮星。当太阳冷却并停止向我们提供所需的温暖时，会发生什么？事情会变得……好冷啊。为了在接下来的数十亿年里继续生存，人类显然需要逃离现在的太阳系，前往其他恒星。

更远的未来

如果未来数十亿年甚至数万亿年后仍有人类存在，那么可以肯定的是，他们不在地球上，甚至不在这个太阳系里。如果我们设法存活了那么长时间，那么我们很可能已经学会了穿越浩瀚太空，并在银河系的其他地方定居下来。事实上，如果我们已经学会了如何到其他恒星旅行，并在其他星球上定居，那么整个银河系中可能会有大量人类居住地。

想象一下人类文明遍布整个银河系。如果能做到这一点，是否意味着人类有机会永存呢？

毕竟，当人类能跨越多个恒星系统生存时，你就有了一份内置的保险单。即使一个类太阳系的恒星突然变成超新星，或者一个人类聚居地误入歧途把自己炸成碎片，也会有其他地方的人类传递火炬（或者榛子酱罐子，视情况而定）。就像蟑螂出没一样，宇宙就很难把我们全部消灭，不是吗？

假设我们可以做得更好，不仅能在银河系的恒星之间旅行。如果未来人类能够跨越星系之间难以置信的距离（通过虫洞或快速飞船），那么即使银河系突然爆炸或者撞向另一个星系，被撕成碎片，也会有人类以某种形式幸存吗？这是不是意味着我们会有一个好的结局？

并不一定。那时，人类生存仍然面临两大威胁：物理定律和时间无限。

希格斯场崩塌

一些物理学家认为，宇宙的基础并不像想象中那样牢固。

例如，所有物质粒子的质量可能会突然改变，影响它们移动和相互作用的方式。这一基本性质并不是固定的，而是来自粒子与希格斯场中储存能量的相互作用，希格斯场是填充宇宙的量子场之一。问题是，物理学家不确定这个场有多稳定，总有一天，要么是自发，要么由某些事件触发，希格斯场可能坍塌并失去它的能量。一旦如此，崩塌将蔓延到整个宇宙，从根本上打乱所有物理。这样的事件可能摧毁我们目前在宇宙中看到的一切，把宇宙重新排列成完全不同的东西。

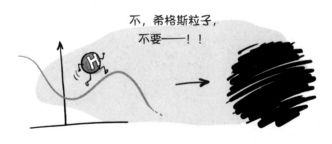

不，希格斯粒子，
不要——！！

科学家们不确定这种情况发生的可能性有多大，也不确定它是否会发生。但在万亿年甚至更大的时间尺度上，很难预测什么是**不可能**发生的。一旦发生，即使人类分散在星际之间，大体上也没有任何存活机会。

无限

"无限"是一位严厉的母亲。即使我们设法避免了所有可能会杀死我们的事情，时间的绝对权重最终也会降临到我们身上。无限的概念很难把握，但在一个无限古老的宇宙中，任何可能发生的事情最终都会发生。

通过在恒星间繁衍，我们可能将生存概率提高到 99.999 999 999 999 999%，但在无限岁月里，我们的末日终将到来。最终，一些我们无法预见或想象的偶然事件可能（并且必将）发生，毁灭现存的所有人类。

那我们要完蛋了吗？

在你对人类的最终灭亡倍感难过之前，我们应该指出，有一种方式可以让人类活到时间尽头。这有点儿技术问题，但如果我们能想象在宇宙其他星系里漫游的人类吃着榛子酱，那么现在还不是退缩的时候。

想象一个情景，人类已经搞明白如何生存数十亿年甚至数万亿年。想象一下，时间的权重或希格斯场的坍塌还没有使我们消亡。如果发生了意想不到的事情怎么办？如果宇宙停止膨胀，突然收缩怎么办？如果这种收缩导致宇宙物质重新聚集在一起，并以一种与大爆炸相反的方式凝聚成某种密度很高的东西，那该怎么办？物理学家称其为"大挤压"，它听起来恰巧像一种美味的、加了榛子酱的糖果棒的名字。

　　如果大挤压发生了，我们都会……被压碎。即使预见到它的到来，我们也不能避免或逃脱，因为空间本身在收缩，这意味着宇宙变得越来越小，所以我们无处可逃。当时间足够久，空间将收缩到无限稠密，然后异常奇怪的事情会发生：时间的终结。当你到达北极时，向北的路就结束了，时间也将以同样的方式结束。当你到了那里，就没有更北的地方了。同样，当空间和时间挤压在一起时，两者都将终结。[1]

　　但想象一下，那时我们还活着，想象我们一直坚持到宇宙的最后一刻。那么从严格意义上，你**可以**说人类活到了时间的尽头。事实上，你可以说他们做到了任何人都能做到的程度。

　　我们尽己所能地活着，我们利用了拥有的每一秒。这本身就是一场胜利，不是吗？

　　我们都是幸运的。

1　至少是这个宇宙的末日。一些物理学家认为，宇宙经历了大爆炸和大挤压的循环。

如果我被吸进黑洞怎么办？

似乎很多人都心存这个问题。

这是一个常见难题，许多科学书都有提到，也是我们的听众、读者经常问的问题。但为什么呢？美国各家后院到处都会冒出黑洞吗？有人打算在其中一个黑洞附近野餐，并担心自己的孩子在无人看管的情况下到处跑来跑去吗？

大概不会吧。有可能的是，人们对坠入黑洞的兴趣与它真正发生的概率没有太大关系，更多地与对这些迷人天体最初的好奇心有关。我们现在明白：黑洞是**神秘**的。它们是奇异的空间区域，没有任何东西可以逃脱——这块时空结构中的空洞[1]将与现实的其他部分完全分隔。

但是落入一个黑洞会是什么感觉呢？你一定会死吗？这和掉进一个普通的洞有什么不同？你会发现宇宙内部的深层秘密，还是会看到时间和空间在你眼前展开？你的眼睛（或大脑）在黑洞里还会工作吗？

只有一个办法可以找到答案，那就是投身其中。所以，拿起你的野餐毯子，

---

1 译者注：视界面所包围的区域。

和你的孩子们说再见（也许是永别），抓紧了，因为我们即将跳入后院的终极危机当中。

靠近黑洞

当你接近黑洞时，你注意到的第一件事可能就是，黑洞看起来确实……很像黑色的洞。它们的确是黑色的：黑洞不会发出任何光，任何碰到它们的光线都会被困在里面。所以当你看一个黑洞的时候，你的眼睛看不到任何光子，因此大脑将其解释为黑色。[1]

它们也的确是洞。你可以把它们想象成球形的空间，任何进入其中的东西都会永远留在那里。让东西保持在黑洞里面的，是之前存在于黑洞中物质的引力：黑洞中的质量被压缩得非常致密，引力作用巨大。为什么？因为离有质量的物体越近，引力就越强，而质量被压缩意味着你能非常接近它。

通常情况下，质量很大的物体会弥散在一个很大的范围。以地球为例，地球的质量大约相当于一个直径半英寸（约1.27厘米，一个玻璃球大小）的黑洞。站在离地球中心一个地球半径的地方，和站在距离一个同等质量黑洞一个地球半径的地方，你会感觉到同样的引力。

1　事实上，黑洞并不完全是黑色的。它们发出一种被称为"霍金辐射"（以斯蒂芬·霍金命名）的微弱辐射，这种辐射非常弱，你的眼睛感受不到它。

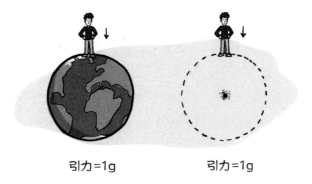

引力=1g　　　　　　引力=1g

但当你分别靠近这两个物体时，两种截然不同的状况发生了。当你接近地心时，你实际上开始感觉不到引力了，这是因为地球现在环绕着你，所以你在各个方向上都受到均等的拉力。但当你接近小黑洞时，你会感到巨大的引力，你会感觉到整个地球的质量，全部质量**真切**地向你接近。这就是黑洞：它有超致密的质量，这使它对周围的物体具有极强的作用。

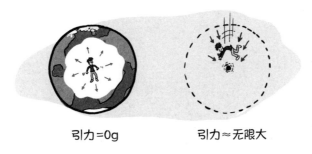

引力=0g　　　　　　引力≈无限大

极其致密的质量周围会产生极大引力，在一定距离内，空间会被扭曲得非常严重（请记住，引力不仅会拉动物体，还会扭曲空间），甚至连光都无法逃逸。光线不能再逃逸的点被称为"事件视界"，它（或多或少[1]）定义了黑洞的大小，它是我们称为"黑洞"的黑色球形的半径。

黑洞的大小可以改变，这取决于你在里面挤压了多少质量。如果把地球压缩到足够小，你会得到一个玻璃球大小的黑洞，因为在距离中心大约1厘米的

1　我们说"或多或少"是因为对于旋转的黑洞来说有点不同，还因为黑色部分实际上比事件视界稍大一些，我们稍后将会看到。

距离上，光线再也无法逃逸。但当你增加更多质量时，这个距离会更大。例如，如果你压缩太阳，空间的扭曲程度会更高，事件视界会出现在距中心更远的地方——3千米处，最终产生一个直径6千米的黑洞。质量越大，黑洞就越大。

实际上，黑洞的质量在理论上没有限制。我们在太空中探测到的最小黑洞直径大约有20千米，最大黑洞直径有数百亿千米。唯一的限制其实是黑洞周围有多少物质可以供形成黑洞，以及给黑洞多少形成的时间。

当你接近黑洞时，你注意到的第二件事可能是黑洞通常并不孤单。有时你会看到环绕在黑洞周围的东西掉入黑洞中。或者更准确地说，你会看到这些东西旋转着，等待掉进黑洞。

这种物质被称为"吸积盘"。它由气体、尘埃和其他物质组成，这些物质没有被直接吸入黑洞，而是在轨道上绕转，等待自己被螺旋吸入。对小黑洞来说，这看起来可能不那么壮观，但对超大质量黑洞来说，这应该令人惊叹。所有气体和尘埃以超高速旋转时所产生的巨大摩擦力可能非常强烈，导致物质被撕裂。

这会释放出大量能量，创造出宇宙中一些最强大的光源。这些类星体有时可能比单个星系中所有恒星加起来还要亮数千倍。

　　幸运的是，并不是所有黑洞甚至超大质量黑洞都能形成类星体（或者耀变体，就此而言可以说是打了类固醇的类星体）。绝大部分时间，吸积盘没有足够物质或合适条件创造这样一种夸张场景。这是一件好事，因为离类星体太近会让你瞬间蒸发，你甚至都来不及瞥见黑洞。希望你选择掉入的黑洞周围的吸积盘友善而相对平静，这样你才有机会接近黑洞。

让黑洞放松一下

越来越近

　　当你确认你坠入的黑洞不是一个燃烧的气体和尘埃在其中旋转，喷发出的能量超过数十亿颗恒星的总和的马桶后，接下来你可能需要担心引力本身造成的死亡。

　　在听到"引力致死"这个词时，你通常会想到从高处坠落身亡，比如从建筑物或飞机上。但在这些情况下，引力不是罪魁祸首，杀死你的是着陆而不是坠落。然而，在黑洞附近的空间中，实际上杀死你的是坠落。

　　要知道，引力不仅吸引你，还会试图把你撕成碎片。请记住，引力的大小取决于到有质量物体的距离。当你站在地球上，你的脚比头更靠近地球，这意味着脚比头感觉到更大的引力。如果你拉橡皮筋的一端比拉另一端更用力，即使朝同一个方向拉这两端，橡皮筋也会被拉伸。这就是现在发生在你身上的事情：你身体上离地面更近的部分感觉到更大的引力，地球试图像拉橡皮筋一样拉伸你。[1]

当然，你也可能感觉不到被拉伸，这是因为：（1）我们的身体是柔软的，但不是**那么**柔软（也就是说，我们只是被很好地结合在一起）；（2）你的头和脚之间的引力差不是那么大。地球上的引力很弱，这意味着你的头和脚感觉到的引力差不多。

但如果引力整体更强，那么你可能会有麻烦。假设你朝着一个质量非常大的物体自由落体运动，那么引力可能大到让你感觉头和脚之间的拉力不同。这有点像游乐场的滑梯：滑梯越高，向下的滑道就越陡。某种程度上，头、脚两端的引力差就足以**真的**将你撕裂。

这就是很多科学书籍都会告诉你的：不可能活着进入黑洞。书上通常会说，黑洞周围的引力实在太强了，你甚至在进去之前就会被"意大利面条化"（也就是被撕开）。但事实上，这不一定是真的！活着完全有可能进入黑洞。

原来，引力将你撕裂的点（我们称之为"意大利面条化的点"）和光线无法逃离黑洞（黑洞的边界）的点是不同的，黑洞的质量不同，它们的位置实际上相对不同。意大利面条化的点的变化与黑洞质量的立方根成正比，而黑洞的边界则随质量呈线性变化。

1　如果你在空中跳起，或者在自由落体，这一点才更适用。当你站在地上的时候，你的脚哪儿也去不了，所以重力实际上是想把你压扁。

对小黑洞来说，这意味着意大利面条化的点大于事件视界，这个点位于黑洞边界**之外**。但对于较大的黑洞，意大利面条化的点比黑洞边界更小，位于黑洞**内部**。例如，一个质量相当于太阳100万倍的黑洞，其半径为300万千米，你到达距离它中心2.4万千米的深处时，引力才会将你撕开；相反，一个半径为30千米的小黑洞会在你距离它中心440千米时就将你撕开，此时你还没有到达黑洞边界。

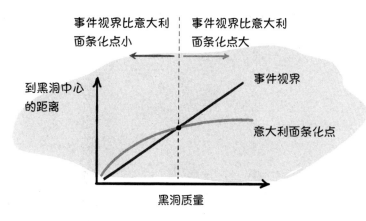

小黑洞实际上比大黑洞更危险，这听起来可能有些奇怪，但这就是黑洞的数学原理。更大的黑洞覆盖了非常大的区域，它们的边界处不需要有太强的力量，就能把东西吸进去并留在里面。

抵达黑洞

好的，你已经成功选择了一个没有被疯狂派对包围的黑洞，并且它的质量足够大，你进入它**之前**并不会被撕裂，这意味着……你准备好进去了。但要当心，这也是事情开始变得棘手的时候。

当你靠近黑洞时，你会注意到两件有趣的事情。

第一件事，在事件视界半径3倍距离的地方，你会看到吸积盘到此为止，这使黑洞周围的区域基本上空空如也。这是因为，任何比这一点更近的物质都会很快掉进黑洞中。这是大多数物质无法逃脱的点，这意味着你现在注定要进入黑洞了。如果你对这整个掉入黑洞的主意突然有新的想法，你应该在开始阅读这一节之前就想到它们。

当你离黑洞这么近的时候，你注意到的第二件事，就是周围的空间会发生巨大的扭曲。你现在处在一个引力非常强大的点，引力甚至以非常明显的方式扭曲了光线移动的方式。光线像在透镜内部移动一样：黑洞周围的空间非常弯曲，光线不再像直线一样运动。

现在，我们来研究在深入黑洞的过程中，你将遇到的一些有趣事情。

黑洞的影子[1]

在大约2.5倍黑洞半径距离的地方，你将进入被称为黑洞"阴影"的区域。这是任何观察黑洞的人都会看到的真实黑圈。

黑洞投射的阴影比它们自身更大，因为黑洞不仅捕获事件视界内的光子，还会使在附近飞行的光子拐弯。在黑洞周围一定距离内，任何朝向你的光线都

1　也是"你一直想写的科幻小说的完美书名"。

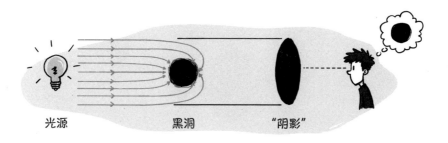

光源　　　　　　黑洞　　　　　"阴影"

会落入引力势井（gravitational well），并最终进入黑洞内部，这意味着你不会看到这些光子。

当你朝黑洞移动时，这个阴影看起来更大。你再走近，黑洞会捕捉到更多本来应该传到你眼中的光线，这意味着黑洞将开始占据几乎整个视野。

顺便说一句，这就是你想让朋友给你拍照的地方，因为他们会看到你被纯黑包围的图像：你**看起来**就像是在黑洞里，但其实你还有很长的路要走。

无限光环[1]

在大约1.5倍黑洞半径距离的地方，你将到达另一个有趣的重要节点：在这个地方，光线将围绕黑洞进行完美的圆周运动。就像行星和卫星可以围绕质量更大的天体运动一样，光也可以围绕黑洞运行，不同寻常之处在于，光没有质量！这意味着，它的旋转完全由于空间的弯曲。轨道上的光子可能永远围绕黑洞旋转，但任何偏离都会导致它要么螺旋掉入黑洞，要么螺旋向外飞入太空。

在通往黑洞的路上，穿过此处会发生一件很有趣的事：因为光进行完美的圆周运动，所以你沿垂直于黑洞的任何方向看，都能看到自己的后脑勺。如果你曾经想知道自己的背影看起来是什么样子，就抓住这个机会。

---

1 也是"你一直想要发起的新世纪时尚的完美名称"。

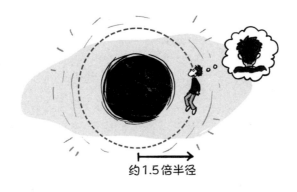

约1.5倍半径

像贝克汉姆一样踢弧线球[1]

在小于1.5倍黑洞半径距离的地方，你已经抵达了连光都无法安全运行的点。你逃脱的机会正在减少，所有的迹象都指向你将进入黑洞，名副其实。

现在，你会感到黑洞的阴影包围着你，正在关闭你的宇宙视野。如果往后看，你会看到宇宙的图景不断变小。

这种宇宙视角的奇怪之处在于，它将包含**整个**宇宙，甚至黑洞背后的东西。在这个地方，空间过于弯曲，以至于来自宇宙四面八方的光线绕着你多次旋转，最后抵达你头部两侧和后脑勺。在这整个异乎寻常的、鱼眼式的宇宙图景中，你甚至会看到宇宙的多个副本在你视野边缘重复出现。

你越靠近黑洞的中心，这扇看往宇宙的窗口就变得越小，黑洞的景象将占据你视线所及的任何地方。

然后……你将跨过事件视界。

1　也称为……实际上，已经有人拍了这部电影（影片名字是 *Bend It Like Beckham*）。

你的朋友会看到什么

此刻，有趣的是想想你的朋友会如何看待这一切。你知道的，尤其是那些认为跳进黑洞很疯狂，于是留下来没有出发的朋友。我们确信他们非常支持你，但是当你光荣一跳，进入这个未知区域时，**他们**看到了什么呢？

其实，他们从未看到此事发生。不是因为你的举动被黑洞的黑暗遮蔽，而是因为**对他们**来说，事情根本就没有发生过。

记住，引力不仅扭曲空间，还会扭曲**时间**。黑洞的引力极其强大，以一种非常极端的方式扭曲了时间。

很多人都知道，在速度非常快时，时间会变慢。例如，你登上一艘宇宙飞船，以接近光速的速度离开再回来，对你来说时间会变得更慢，你认识的每个人都会比你变老更多。不过，对时间产生影响的不仅有速度，靠近一个大质量的物体（如黑洞）也会产生这种影响。黑洞弯曲了空间，同时让时间变慢。

当你靠近黑洞附近，你的朋友会发现时间在你身上变慢了。对他们来说，你看起来像是在以极——其——慢的速度运动。他们会看到你离黑洞越来越近，但你的速度越来越慢。

你离黑洞越近，你的时间就走得越慢。在某一时刻，你的时间会慢到一定程度，使你在朋友们眼中看起来像是被冻结了。我们确信他们是很好的朋友，但他们最终可能会放弃你，然后度过自己的余生。他们有的最后一张你的照片将是模糊的红色，因为引力也会拉伸光子的波长，将其延展到红外波段。

事实上，对宇宙的其他部分而言，你掉入黑洞的时间不会很长。严格来讲，掉入黑洞永远不会发生。对于外部观察者而言，你的时间将会冻结，你的图像将扩散在黑洞表面，并被永远刻在那里。观察者需要无限长的时间看到你完全进入黑洞。恒星系统和星系会形成和消亡。几万亿年过去了，他们永远看不到你越过边界。

因此可以知道，如果你希望通过一个引人注目的举动给你的朋友留下深刻印象，跳进黑洞并不是明智的选择。

进入黑洞

当然，这只是你的朋友们看到的。对你来说，这仍然是一场疯狂的过山车之旅。

记住，时间对**你**来说仍然是正常的，所以从你的角度来看，进入黑洞的旅程还会以正常速度发生。你将进入黑洞。只是对外面的宇宙来说，它似乎从未发生过。

那么，当你最终跨过事件视界时会发生什么呢？物理学家认为，不会发生太多事情。

当你跨过最后的门槛时，你看到的外部宇宙会缩成一个越来越小的点，而你周围的一切都会完全变为黑暗。你能看到的唯一光源就是你身后的那个点，一个包含了整个宇宙的微小画面。所以这就是事实。本来根据理论，事件视界上没有任何东西，这里没有围墙、栅栏、力场或五彩纸屑，也不是配备银河系保安人员的大门。这里只是太空中你无法返回的地方。

你知道的，黑洞里面的空间弯曲得太厉害了，这使你没有出去的路。不管你走得多快，时空都是单向的。在黑洞之外，只有时间是单向的（向前）。但在事件视界之内，空间也是单向的（向内）。黑洞内部的每一条轨迹都指向更深的地方。

对你来说，这种变化是渐进的，并不是突然的。随着你越来越接近事件视界，你可能选择的路径也开始扭曲。能够离开黑洞的路径越来越少。事件视界就是将所有可能的路径指向内部的地方。

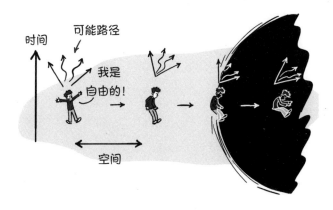

有一件事是明确的：你现在肯定被困住了。此时此刻，逃脱比什么都不做更糟糕。如果你挣扎并试图逃跑，你只会更快地掉向黑洞中心。

里面有什么？

那么，现在你已经在黑洞里面了，它是什么样子的呢？

其实没有人知道。事实上，我们可能永远不会知道了。

我们甚至不知道是否有可能在黑洞内思考。我们的身体需要血液、信息和离子向各个方向流动。如果你的神经细胞和血液只能流向黑洞的中心，你还能活着吗？更不用说意识了。

然而，更根本的是，我们并不知道事件视界之内的空间和时间是什么样子。我们**知道**可能发生什么。到目前为止，广义相对论正确解释了黑洞以外发生的一切（甚至预测了黑洞的存在）；但我们也知道，广义相对论并不是对宇宙运行方式最真实的描述。例如，我们知道广义相对论在最小的层次上[1]就失效了，此时量子力学不能被忽视。那么，广义相对论有没有可能在黑洞内部也失效呢？非常肯定，但我们不确定它会错到什么程度，或者它是否只在黑洞中心出错。

如果广义相对论在黑洞内部还是基本正确，那么接下来发生的事情就不那么令人兴奋了。根据广义相对论，引力只会继续变得更强，你会越来越快地向黑洞中心移动。事实上，对于像银河系中心黑洞[2]这样的黑洞：你大约会在20秒内掉到黑洞中心。当然，你永远也到不了中心，因为在某一时刻，你注定会抵达"意大利面条化"的点（还记得吗？），然后会被撕成碎片。

但是，如果广义相对论对事件视界内发生的事情的解释不正确，那么我们就可以自由推测可能发生的事情。当你进去的时候，可能会有一大堆有趣的东西等着你：

◎另一个宇宙。一些物理学家认为（甚至说很有可能）黑洞内部存在一个完全不同的宇宙。当你进入黑洞时，你会在一个新的婴儿宇宙的开端突然出现。

◎一个虫洞。另一种理论是，黑洞的内部可以连接到虫洞（一种时空隧道），把你带到宇宙的另外一个地方（包括时间）。另一端是什么？据科学家们推测，在黑洞的另一边，你可能会被黑洞对立面（白洞）吐出来。如果说黑洞是一个可以进入但永远不能逃脱的地方，那么白洞在理论上就是一个可以逃脱但永远不能进入的地方。把白洞想象成一个空间区域，空间以某种方式弯曲，所有方向都指向你走出白洞。当然，你可能会想，

---

1 译者注：即奇点尺度上。

2 译者注：银河系中心黑洞的质量大约是太阳质量的400万倍。

从白洞出来的东西是从哪里来的？它们从黑洞穿过虫洞而来！

你在黑洞当中或许可以找到：

| 某种方式的死亡 | 另一个宇宙 | 虫洞 | 爱因斯坦和薛定谔在聊天 |

无论是哪种情况，这都将是你旅程的终点，至少从我们宇宙的角度来看就是这样。一旦进入黑洞，你就不太可能出来了。无论你是惨死，还是发现量子力学和广义相对论的秘密，或是发现一个全新的宇宙，都只有**你**才会知道这个令人难以置信的秘密。

唯一的问题是，你没法把这个秘密告诉任何人。

谁说我只吸东西？[1]

1　译者注："Who said I suck?"也可翻译为"谁说我很烂？"。

为什么我们不能瞬间传送?

让我们面对现实吧:没有人喜欢旅途。

无论是为了去一个充满异国情调的地方度假,还是每天通勤上下班,没有人真正喜欢不得不"在旅途中"这部分。那些说他们喜欢旅行的人,可能意味着他们喜欢"抵达"。这是因为抵达某个地方真的很有趣:看到新事物,结识新朋友,早点上班以便早点回家读物理书。实际的**旅行**通常很累人:做准备,赶路,等待,再赶更多路。说"重要的是旅程,而不是目的地"的那个人,显然不用每天被堵在车流中,也从来不用局促地坐在跨大西洋航班上中间的座位。

如果有到达目的地的更好方式,不是很棒吗?如果你能直接**出现**在想去的地方,而不需要经过中间所有地方呢?

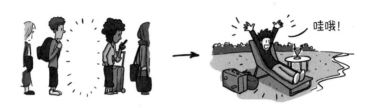

一百多年来,瞬间传送一直是科幻小说中的固定元素。谁没有幻想过闭上眼睛或者跳进一台机器,然后就突然发现自己身在某个想去的地方呢?想想你

省下的时间吧！你的假期现在就可以开始，而不是在14个小时的飞行之后。我们也可以更容易地到达其他星球，想象一下，不需要几十年的运输时间，就可以把殖民者送到最近的宜居行星（4光年之外的比邻星b）。

但是瞬间传送是可能的吗？如果可能，为什么科学家们要花这么长时间实现它呢？它需要几百年时间才能开发出来吗？或者我能期待它很快成为手机上的一款应用程序吗？打起精神，因为我们要向你发射一些与瞬间传送相关的物理学知识了。

瞬间传送的选项

如果你梦想中的瞬间传送是某时刻你在这里，然后下个时刻就在一个完全不同的地方，那么我们很遗憾地告诉你，这不可能。很不幸，物理学对任何瞬间发生的事都有一些非常严格的规则。任何发生的事情（结果）都必须有原因，这反过来又需要信息的传输。想想看：为了让两件事有因果关系（比如你在这里消失，然后在其他地方出现），这两件事必须以某种方式相互交流。在这个宇宙中，包括信息在内的任何东西，都有速度的限制。

信息必须像其他东西一样在宇宙中传播，在这个宇宙中，任何事物能够传播的最快速度是光速。事实上，光速应该被称为"信息的速度"或"宇宙速度极限"。它被纳入相对论和因果关系的概念中，这两者正是物理学的核心。

即使是引力也不可能比光速更快。地球感觉不到当下太阳所在之处的引力，它感觉到的是8分钟前太阳所在之处的引力。这就是信息从这里到那里传输14 960万千米所需的时间。如果太阳消失了（为了度假而瞬移消失），地球将继续在正常轨道上运行8分钟，然后才会意识到太阳已经消失了。

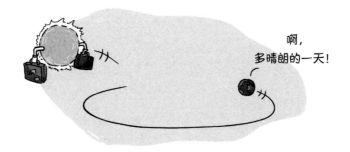

啊，
多晴朗的一天！

因此，在一个地方消失然后立即在另一个地方出现的想法几乎不可能实现。两者之间总会有一些事情发生，这些事情不可能比光速更快。

好在，我们中的大多数人在谈到"瞬时传送"的定义时并不是那么固执。大多数人可以把"几乎瞬时""转眼间"甚至"在物理定律允许范围内最快的速度"当作对瞬时传送的需求。如果是这样的话，有两种方法可以让瞬时传送机器工作：

1. 你的瞬时传送机能够以光速把你传送到目的地。

2. 你的瞬时传送机器能够以某种方式缩短你所在地方和想去地方之间的距离。

方法2可能就是所谓的"传送门"类型的传送。在电影中，这种传送会打开一道门，通常会穿越虫洞或某个高维空间的子空间，你穿过这扇门，就发现自己到了另一个地方。虫洞在理论上是一种通道，它将遥远的空间中的点连接起来。物理学家已经明确提出，在我们熟悉的三维空间之外，还有更高的维度存在。

遗憾的是，这两个概念仍然非常理论化。我们并没有真正看到虫洞，也不知道如何打开一个虫洞或控制它的方向。额外维度并不是你可以进入的，它们仅代表粒子可能运动的额外方式。

更有趣的是方法1，事实证明，这可能是我们在不久的将来可以做到的事情。

以光速抵达

如果我们不能立即出现在其他地方或在太空中走捷径，那我们至少能尽快到达那里？宇宙的最高速度大约是每秒3亿米（光速），这已经足够快了。以这样的速度，你的通勤时间可以缩短到零点几秒，去其他恒星旅行也只需要几年而不是几十年或几千年。光速的瞬时传输仍然令人兴奋。

要做到这一点，你可以想象一台机器以某种方式带着你的身体，然后以光速将你推到目的地。遗憾的是，这个想法有一个很大的问题，那就是你太重了。事实是，你太大了，不可能以光速旅行。首先，仅仅是将你体内的所有粒子（无论是集合在一起还是分解开）加速到接近光速，就需要大量的时间和能量。其次，你永远达不到光速，不管你已经如何节食或在健身房里进行了多少运动，任何有质量的东西都不可能以光速旅行。

像电子和夸克这样的粒子，它们是原子的基本单元，都具有质量。这意味着需要能量才能让它们移动，需要大量能量才能让它们快速移动，需要**无限**能量才能让它们达到光速。它们可以以非常高的速度运动，但永远达不到光速。

也就是说，你和目前构成你的分子和粒子，永远不能真正地被瞬时传送。既不能被瞬间传送，也不能以光速传送。不可能如此快地把你的身体运到某个地方，因为不可能以足够快的速度移动你体内的所有粒子。

但这是否意味着瞬时传输不可能？不完全是！

有一种方法仍然可能让这件事发生，那就是放宽对"你"的定义。如果我们没有传送你，你的分子或者你的粒子呢？如果我们只是传递了"你"这一**概念**呢？

你就是信息

实现光速瞬时传输的一种可能是**扫描**你，并将你作为一束光子发送出去。光子没有任何质量，它们可以在宇宙允许的范围内以最快的速度传输。事实上，光子**只能**以光速传播（没有慢速运动的光子）。

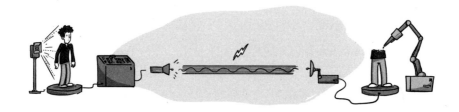

光速瞬时传输的基本方法如下：

第一步：扫描你的身体，记录你所有分子和粒子的位置。

第二步：用一束光子将这些信息传输到你的目的地。

第三步：接收这些信息，然后用新粒子重建你的身体。

这可能吗？人类在扫描和3D打印技术方面都取得了惊人的进步。如今磁共振成像（MRI）技术可以扫描你的身体，分辨率达到0.1毫米，相当于一个脑细胞的大小。科学家已经使用3D打印机打印出越来越复杂的活细胞簇（被称为"类器官"），用于测试抗癌药物。我们甚至制造了可以抓取和移动单个原子的机器（使用扫描隧道显微镜）。不难想象，未来有一天我们或许能够扫描并打印整个人体。

然而，真正的限制可能不是技术上的，而是**哲学**上的。毕竟，如果有人复制了你，那是真的**你**吗？

记住，目前构成你身体的粒子并没有什么特别之处，固定类型的每个粒子都是相同的：每个电子都完全相同，夸克也是如此。宇宙工厂中的粒子没有个性或任何一种显著特征。任意两个电子或两个夸克之间的唯一区别是它们各自的位置，以及它们与哪些其他粒子在一起。[1]

但是你的复制品在什么程度上还是你呢？这取决于两个方面。一是扫描和打印技术的分辨率。它能读取和打印你的细胞吗？你的分子呢？你的原子，甚

1　电子实际上只是填充空间的在量子场中自我维持的小能量束。电子运动，意味着原来位置的磁场消失，新位置的磁场开始出现。所以在量子层面上，粒子的每一次运动都可以被认为是瞬时传输！

至你的单个粒子呢？

更重要的问题是，"你的自我"在什么程度上取决于这些微小的细节。需要什么程度的细节，复制品才能被认为是**你本人**？事实证明，这是一个悬而未决的问题，答案可能取决于你的自我意识有多么量子化。

你的量子复制品

需要记录多少信息才能创建一份忠实于你的副本？知道你体内每个细胞的位置、类型和连接的方式就足够了吗？或者，你还需要知道你体内每个分子的位置和方向吗？如果再深入一些，你是否也需要记录每个粒子的量子态？

你身体里的每个粒子都有一个量子态。量子态告诉你粒子可能在哪里、可能在做什么，以及它与其他粒子的连接程度。因为你只能说每个粒子可能在做什么，所以总有一些不确定性。但是，量子不确定性是你成为**你**的重要原因吗？或者它仅仅发生在非常小的层面上，所以不会真正影响重要的事情，比如你的记忆或你对事情的反应呢？

乍一看，你的每个粒子中的量子信息似乎不太可能改变你是谁。例如，你的记忆和反射存储在你的神经元和它们的连接中，与粒子相比，神经元相当大。在这个尺度上，量子涨落和不确定性趋于达到均衡。如果你微妙地打乱自己体内几个粒子的量子值，你能分辨出其中的区别吗？

讨论这个问题的答案可能更适合一本哲学书而不是一本物理书，但在这里，我们至少可以考虑一下它的可能性。

你不是那个量子

如果最后证明，你的粒子的量子态并不影响你是谁，仅仅重新创造你细胞或分子的排列方式就足以制造一个思维上和行为上都像你的副本，那么这对你的下一个假期来说是个好消息，因为瞬时传输变得容易多了。这意味着只需要记录所有组成你的小粒子的位置，然后在其他地方以完全相同的方式把它们组合在一起。这就好比拆开一座乐高积木屋，写下组装说明，然后把这些说明发送给另一个人建造。现代技术似乎正朝着有朝一日实现这一目标的方向发展。

当然，复制品将不会和你一模一样，这可能会让你怀疑在传输中是否遗漏了什么。这会不会像是发送JPEG格式的图像，而不是完整的图片？你从另外一端走出来的时候，会不会有点儿边缘模糊，或者感觉不太像自己？你愿意忍受的失真度取决于你有多想在尽可能短的时间内到达下一个恒星系统。

哎呀。

你完全是量子的

但如果你的自我**确实**依赖于量子信息呢？如果你的魅力，或者说你的不可磨灭性，在于你体内每一个粒子的量子不确定性，那该怎么办？这听起来有点像新时代的骗局，但如果你真的想确定从这台瞬时传送机器另一端出来的复制品是否和你**完全**一样，那么你就必须一直使用量子技术。

这是你的
量子灵魂！

坏消息是，这使瞬时传输问题变得**更加**困难。事实上，有关量子的任何东西都很难，而复制量子信息的想法更是难上加难。

这是因为，从物理学角度来看，一下子就知道关于一个粒子的所有事情在技术上是不可能的。不确定性原理告诉我们，当你非常精确地测量一个粒子的位置时，你就无法知道它的速度；而当你测量速度时，你就无法知道它的位置。不仅是"无法知道"，而且这背后的逻辑更深奥：关于位置和速度的信息**不是同时存在的**！每个粒子都有其固有的不确定性。

关于一个粒子，你唯一能知道的就是它在这里或那里的概率。那么，如何才能以与原件相同的概率制作一个量子复制品呢？

制作一个量子副本

让我们考虑一下制作单个粒子的量子拷贝的问题。如果你坚持让光速传输机器复制一个和现在的你完全一样的副本，那么这几乎是你唯一的选择。

把一个粒子复制到量子水平，意味着你要复制它的量子态。粒子的量子态包括关于其位置和速度的不确定性，关于其量子自旋的或其他任何量子性质的不确定性。这不是一个真正的数字，而是一组概率。

问题是，要从单个粒子中提取量子信息，你必须以某种方式探测该粒子，这也意味着会干扰它。即使只是去**看**一些有关粒子的东西，也会有光子从它上面反弹。如果向一个电子发射光子，你可能会了解这个电子的量子态，但也会扰乱它。这并不是因为我们不够聪明，也不是因为我们没有开发出足够精细的探测器。量子"不可克隆"定理告诉我们，不破坏原始信息就不可能读取量子信息。

那么，你如何复制不能看或不能摸的东西呢？这并不容易，但一种方法是使用"量子纠缠"。量子纠缠是一种奇怪的量子效应，在这种效应中，两个粒子的概率被联系在一起。举个例子，假设两个粒子相互作用，因此你不知道它们的自旋各是什么，但你知道它们彼此相反，那么这两个粒子就被称为纠缠。如果你发现其中一个自旋向上，那么另一个肯定自旋向下，反之亦然。

量子瞬时传输的工作原理是使两个粒子纠缠，然后像使用电话传真的两端那样去使用它们。例如，你可以使两个电子纠缠，然后把其中一个送到比邻星。这两个电子会一直保持纠缠，直到你准备开始复制。

自此，事情变得有点儿复杂，但本质上，你用地球上的纠缠电子探测你想要复制的粒子，这种相互作用提供了所需的信息，让比邻星上的电子成为你想要复制的粒子的精确量子副本。

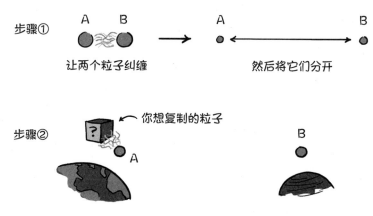

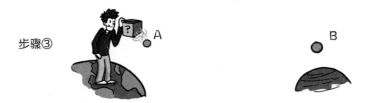

步骤③

在不破坏它的前提下查看它的量子态

步骤④

与另一边的人分享你发现的信息

步骤⑤

信息让被分开的另一端的粒子变成一个量子副本

　　然而令人惊讶的是，人类已经对单个粒子甚至是小群粒子做到了这一点。[1]
到目前为止的纪录是在相距1 400千米的两点之间进行量子复制。虽然还不能带
你去比邻星，但这是一个开始。

　　要将这台量子复制机的规模扩大到不仅仅是几个粒子并非易事。你体内有
10^{26}个粒子，因此事情会变得非常复杂，也会非常快。但关键是这种可能性存在。

　　那个量子重组的人**真的**是你吗？嗯，这将是你所能够制作出的最忠实的复
制品。如果那不是你，那什么才是你呢？

---

1 请注意，尽管这很酷，但量子瞬时传输还是不能让你做任何比光速更快的事情，因为量子瞬时传输仍然需要你
使用正常通信方式分享你所看到的东西，这仍受光速限制。

太多的你

这种瞬时传输的想法有一个潜在的棘手之处,那就是它最终可能会复制出许多个你。在使用不复制量子信息的低保真瞬时传输的情况下,你可以想象用它克隆自己。你可以扫描自己的身体,然后将这些信息传输到比邻星,然后再传输到罗斯128b(附近的另一个宜居行星),然后传输到任意数量的其他行星。事实上,你可以在这里开始打印复制了。他们可能不是你的精确量子复制品,但他们与你的相似程度足够引发各种道德和伦理问题。

幸运的是,量子复制版的瞬时传输机还有一个可取之处,那就是允许你复制量子信息的量子原理,也规定原始信息在被复制时会销毁。无论这项技术最终以哪种方式发挥作用,扫描过程都将不可避免地扰乱原件的所有量子信息,从而破坏原件。这意味着你发送的副本将是剩下的唯一副本。

发送到那里,完成复制

综上所述,眨眼之间将我们自己运送到某个地方的想法完全有可能。如果你能忍受光速传输的延迟,如果你接受一个扫描和重组版本的你真的是你,那么对你来说瞬间传输可能就在不远的未来。

当然，我们忘了一个重要的警告：为了能像本章所描述的那样把自己传送到某个地方，这个地方需要一台机器接收你的信号并重建你。这意味着，如果有一天你想把自己传送到另一个星球，必须有人先用传统的方式到达那里——旅行。

有志愿者报名吗？

别处还有另一个地球吗？

有个备份总是好的。

你上班的时候曾把咖啡洒在裤子上吗？把办公桌抽屉里的备用裤子拿出来穿上就行了。你的孩子曾在睡觉前弄丢了他们最喜欢的毛绒玩具吗？你会很庆幸自己之前在宜家买了五个一模一样的玩具。

等一下，可可闻起来不对劲。

呃……

在这个疯狂的随机宇宙中，生活相当不可预测，所以为对你很重要的东西保留一个备份很有意义。这个东西对你越重要，你就越应该在备份上投入更多精力，对不对？因此，我们的几位听众写信询问是否还有另一个备用地球，也就不足为奇了。你知道的，以防万一。

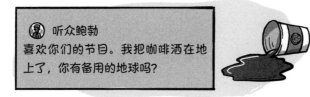

听众鲍勃
喜欢你们的节目。我把咖啡洒在地上了，你有备用的地球吗？

当然，咖啡洒了不会导致我们把整个文明移到另一颗星球。但这位听众的观点仍然合理，毕竟有很多实在的原因指出我们可能需要一个新家园。

例如，如果我们发现一颗巨大的、足以毁灭星球的小行星正朝着地球飞来，我们该怎么办？或者有一天扫地机器人厌倦了跟在我们后面打扫卫生，决定赶走我们取而代之，我们该怎么办？或者一颗超新星在地球附近爆炸，致命的辐射毁灭地球，杀死地球上的每一个人，我们该怎么办？显然，有另一颗可以称为家园的星球将是一个好主意。否则，我们就是把所有鸡蛋都放在一个篮子里。

　　但是，找到第二个家园难不难？我们是靠运气找到了地球，还是说宇宙中有很多舒适宜居的行星？现在，让我们假装自己拥有世界上全部金钱，然后去执行这项寻找家园的终极任务吧。

宇宙邻居

　　每个在办公桌抽屉里多放一条裤子的人（谁不会这样做呢？）都知道这么做是有原因的。当你需要备用品的时候，你希望它就在你身边。同样，如果我们能在太阳系内找到另一颗可以居住的星球，可就太好了。如果地球发生了什么意外，我们可以迅速抵达新家园，而不需要为长达数百年的太空旅行打包，这将会省去很多麻烦。

　　不幸的是，在我们的太阳系里并没有那么多好的选择。

　　让我们从最近的邻居之一金星开始吧。金星几乎毫无指望，它的表面温度超过800华氏度（约427摄氏度），大气压约是地球的90倍。换句话说，金星不

是一颗合适的灾难后备星球。

　　我们另一个最近的邻居是火星。火星很美丽,看起来甚至有点儿像雾蒙蒙的亚利桑那州沙漠,但火星也不是我们生存的最佳选择。科学家们认为,火星曾经和地球一样,有覆盖整个星球的磁场,但在某个时刻磁场消失了。我们不确定其中的原因,可能是它熔融核的冷却。[1]很少有人意识到磁场的重要性:它基本上起力场的作用,保护我们免受太阳风的致命伤害。如果没有磁场,你不仅会受到致命辐射的轰击,大气层也会被吹走,这是一个大问题。如果没有大气层,星球上就留不住任何热量,这意味着天气会**非常**寒冷。火星上的情况是我们星球可能发生的最糟糕的情况之一。

　　排除这两颗星球,其他星球的情况也不会更好。金星轨道之内的水星相当糟糕,它距离太阳只有5 700万千米,而且几乎不自转,也就是说它的一面总是被烤得脆脆的,另一面总是被冻得硬硬的。它相当于行星中的"烈火阿拉斯加"[2]:非常适合做成甜点,但不太适合收容数十亿宇宙难民。

　　看看离太阳远一些的地方,我们也没什么可选择的星球。火星轨道以外的

1　译者注:地球的磁场是由于地核存在熔融态的金属快速转动。

2　译者注:英文名是"baked Alaska",一种甜点。

行星要么太暗，要么太多气体，要么太冷。

木星和土星基本是巨大的气球。即使你能在以氢和氦为主要成分的大气层中生存，也没有可以落脚的地方。这两个星球的固体核心在星体深处，主要由金属氢组成，那里压力巨大。

海王星和天王星这两颗离太阳最远的行星，情况也不容乐观。这两颗行星之所以被称为"冰巨星"，是因为它们是巨大的冰球。搬到这两颗行星中的任何一颗上，都和在南极洲建造一座避暑别墅差不多。

一些科学家观察了海王星和天王星轨道之外小天体的轨道，他们认为自己看到了奇怪的运动模式，那里可能隐藏着另一颗行星，他们称它为"X行星"。遗憾的是，即使它真的以行星的形式存在（其他科学家认为它可能是一个暗物质团，甚至是大爆炸遗留下来的黑洞），那里也太冷了。

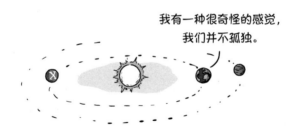

太阳系中的卫星呢？有没有大小合适的卫星可供我们居住？木星和土星非常大，它们的一些卫星和一些内行星一样大。很遗憾，这些卫星大多数也是冰冻的固体。木星有一颗名叫Io（木卫一）的卫星，它有炽热的火山，但在木卫一上，你必须在冰冻的表面（零下130摄氏度）和炽热的火山（1 650摄氏度）之间做出选择。没有快乐的中间地带。

因此当我们在寻找宇宙中的第二个家园时，太阳系里似乎没有任何好的选择。我们似乎身处一个不良的房地产环境中，很难在这个街区拥有最好的房子。是时候去寻找附近行星之外的地方了，看看宇宙的其他区域。

太阳系外的行星

很长一段时间里，我们不知道太阳系外是否有很多行星，也不知道我们的太阳是不是唯一拥有这些行星的恒星。历史上所有伟大的思想者，从柏拉图到牛顿，从伽利略到爱因斯坦和费曼，都曾仰望星空，探寻这个问题的答案。不幸的是，他们还没有得到答案就已经过世了，我们也只是大约20年前才知道这个问题的答案。

想一想你有多幸运，此时此刻的你还活着，而我们正在发现宇宙中真实存在的东西。现在，人类已经想出了如何探测甚至**看到**其他恒星周围行星的办法，也证明了那个古老问题的答案：太阳系外有很多行星，非常多。

几千年来，人类一直认为只存在一颗行星——地球，过了很长一段时间，我们才意识到可能还有其他行星存在。最早提出这个想法的人之一是古巴比伦人。早在3 000多年前，他们就知道包含木星在内的六颗行星，并把它们的运动记录在泥板上。很长一段时间里，关于行星的研究进展都相当缓慢，直到望远镜的发明。

望远镜使早期科学家能够研究恒星，并更清楚地思考这些恒星与我们的太阳有多相似。如果我们的太阳有这么多行星，也许其他恒星也是如此。当我们开始了解银河系的大小，以及了解到银河系中存在大量恒星时，可能存在的行星数量也呈爆炸式增长。天文学家认为，我们银河系中的行星数量可能数以千亿计。

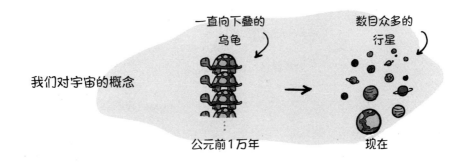

1995年，科学家终于开始看到这些行星。通过观察恒星发出的光在频率上的变化，他们可以知道某颗恒星是否被环绕它的行星所牵引。这是一项不朽的成就，意味着我们可以在不需要直接看到行星的情况下发现它们，这通常很难做到。

2002年，我们想出了另一种探测行星的好方法。如果一颗恒星有一颗围绕它旋转的行星，那么当这颗行星从我们和恒星之间经过挡住视线时，我们可以看到恒星发出的光的亮度有所下降。这就是开普勒望远镜过去这些年一直在做的事情：它拍摄数以千计的恒星照片，并寻找亮度变暗的恒星，从而推断哪些恒星拥有行星。

关于直接看到其他恒星周围的行星，我们也取得了一些进展。这几乎是不可能完成的任务，因为恒星离我们太远了，而且与围绕它们运行的任何行星相比，它们都太明亮了。看一颗围绕着遥远恒星运行的行星，就像试图在洛杉矶看到纽约的一座巨大灯塔旁边的一根小蜡烛。然而，天文学家做到了：人类已经获得了其他行星的真实图片，尽管是模糊的。

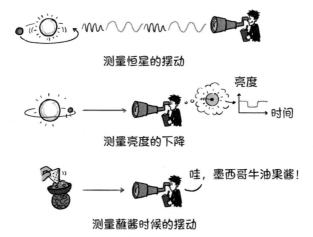

行星探测技术

测量恒星的摆动

亮度

时间

测量亮度的下降

哇，墨西哥牛油果酱！

测量蘸酱时候的摆动

这些技术全都极大增强了我们探测其他行星的能力。我们从知道太阳系有9颗或者8颗行星，变成实际掌握了数千颗行星的数据。

我们了解到宇宙中**充满**行星，认为仅在银河系里就有数千亿颗行星。想象夜空中的每一颗恒星，然后再想象它们周围都有几颗行星围绕着旋转。

这一切可能会让你认为，我们能找到很多第二个地球的备选项。但是这些行星中有多少真正适合我们居住呢？它们中存在一个像我们的地球这样舒适的行星的可能性有多大？

一个美好的家园

如果你计划费力地收拾好所有东西，并在另一个星球安顿下来，在打电话给搬家公司之前，有几件事你可能需要确认一下。毕竟，你不希望选定了一个星球却在到达那里时才发现它没有足够供每个人使用的卫生间。以下是在行星置业时要注意的一系列事项。

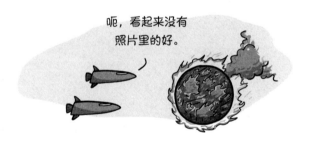

呃，看起来没有照片里的好。

邻近

我们认为每颗恒星平均有10颗行星，这意味着宇宙中的行星一定数以万亿计。如果宇宙是无限的，那么宇宙中行星的数量甚至也可能是无限的。但说实话，有几个是我们能抵达的呢？距离我们最近的星系（仙女座）大约250万光年远。和孩子们驾车250万年听起来没什么吸引力，你可能想把选择限制在银河系内的行星上，银河系直径10万光年，这更可行。

岩质行星

如果去过很多星球的开放日活动，你很快就会发现它们基本上有两种模式：岩质的和非岩质的。显然，岩质行星主要由岩石构成，它们有各种各样的优点，比如你可以站在上面并走来走去。另一种类型是气态行星，它们有很多迷人之处，比如有存在了上百年、大小和地球一样的剧烈风暴，但同时这里也缺乏基本的便利设施，又如一个让你的宇宙飞船降落的地方，或者……根本就没有陆地。

宇宙中有多少岩质行星呢？幸运的是，有很多！科学家们已经了解到，银河系中大多数恒星的周围至少有一颗岩质行星。对于那些喜欢把房子建在坚实地面上的人来说，这是个好消息，因为这意味着银河系中至少有 1 000 亿颗岩质行星，它们的大小从与地球类似到相当于超级地球（最大为地球的 15 倍）大小不等。

金发姑娘带

在你开始为所有第二家园的选择庆祝之前，请仔细考虑生活在一个随机岩质世界会是什么样子。一些行星可能距离它们的恒星很近，这意味着你会受到太阳辐射的冲击，像在水星上一样被烤成脆片。或者它们可能在太远的轨道上运行，如果你站在这些行星上面抬头看，那么太阳看起来就和其他任何恒星一样，照耀在一个冰冻的无生命的岩石球体上。

如果要选择一颗行星居住，你会希望它不要离太阳太近，也不要离太阳太远，这样你的星球就不会变得太热或太冷。科学家为这个房地产黄金地段取了一个完美的名字——"金发姑娘带"[1]。有趣的是，不同恒星的"金发姑娘带"也不相同。对于一颗超热的巨大恒星来说，舒适的距离真的很远；对于一颗冰冷昏暗的恒星来说，你需要更靠近它才能避免冰冻。银河系中的大多数恒星（约70%）属于较小的一类恒星（称为M矮星），它们通常比我们的太阳暗得多。

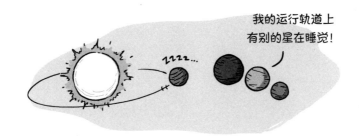

令人惊讶的是，通过选择仅位于恒星金发姑娘带的行星，我们可以殖民的行星数量只会减少约一半，因为大多数岩质行星都离它们的太阳很近。

哦是的，大气

这听起来很容易，对吧？想象一下，你正躺在新星球上的游泳池边，感觉棒极了，然后深吸一口……什么？哎呀，忘了检查大气了。

我们习惯了呼吸地球上的空气，但我们经常忘记自己有多幸运。并不是每个行星上都有一层供生命存在的超薄气体，这是因为大气很稀有，也太容易失去。地球的大气层大部分由星球早期的火山喷发形成，你可以把呼吸的空气想象成地质消化不良的结果。但并不是每个星球都会经历这个过程，即使有，它们也常常打嗝，把这些气体散失到太空中。太空中的辐射（通常来自恒星）不断试图把大气吹离行星，就像风吹掉廉价的假发一样。

但是我们怎么辨别金发姑娘带中的哪些岩质行星也有大气层呢？如果我们大老远跑过去，却一到那里就窒息了，那就太令人沮丧了。幸运的是，科学家

1　译者注：在童话《金发姑娘和三只熊》中，金发姑娘在三只熊的屋子里喝的粥既不太热也不太冷，坐的椅子既不太小也不太大，睡的床既不太硬也不太软。科学家因此把适合生命存在的区域称为"金发姑娘带"。

们也已经想出了如何确认遥远行星上是否有大气层的方法。你会认为这不可能，因为我们连这些行星的模糊、像素化的图像也几乎没有，但它们的秘密将再次暴露在光线中。

一颗行星从它的恒星面前经过，会阻挡恒星发出的一些光线。但有一小部分光线会穿过行星的大气层，这部分光线的颜色就发生改变。就像地球上的日落或日出使太阳发出的光看起来更红一样，其他恒星周围行星上的日落和日出也给我们提供了线索，让我们知道它们的大气层究竟是美好而新鲜的，还是酸性太强以致毁掉我们的肺。

令人惊讶的是，我们甚至可以预测一些遥远行星的天气。通过观察行星围绕恒星运行时的大气变化，我们可以推断出气流和温度等信息，而且这真的有效！人们已经在遥远的行星周围发现了大气层，就在最近，天文学家发现了一颗迷你版海王星，它距离地球约120光年，具有水蒸气的特征光信号。大气中有水意味着地表可能也有水，甚至有海洋，所以收拾好你们的泳裤吧！

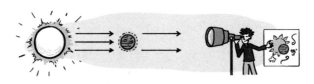

天气预报晴，不过有可能有人类入侵

当然，你不仅希望行星有一层温暖的大气，你还希望在吸入这些空气时，不会被立即杀死。如果我们新家园的大气中有地球上所有的新鲜空气成分，那就太好了。不幸的是，宇宙中以可呼吸的O_2形式存在的氧气似乎并不多见。地球上之所以有氧气，只是因为大量微生物进行光合作用，产生了氧气这种副产品。地球上这一过程花费了数十亿年，比我们等待搬进新家园的时间长得多。因此，如果我们想找到一个新家园，就需要找到一个在10亿年前已经开始这一过程的行星，这意味着我们需要找到一个已经有生命（微生物生命）的行星。这几乎与我们在地球上寻找房子的方式相反，地球上没人想买一栋满是细菌的房子，但在另一个星球上，你希望能找到一栋已经充满细菌的房子！

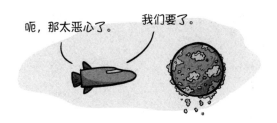

收拾好你的行李（和备用裤子）

总而言之，要找到一个适合生活的后备星球，我们要比金发姑娘和三只熊挑剔得多。我们知道在银河系的舒适地带有数十亿颗岩质行星，但其中有多少拥有保护性的大气层和能制造可呼吸氧气的细菌呢？在外星世界寻找大气层和生命的科学研究仍然太新，无法给我们准确估计拥有两者的行星数量。但事实上，我们已经发现了一些有大气层的行星（甚至有些行星可能有生命迹象），这告诉我们，也许这一切并非不可能。

虽然宇宙中可能存在舒适的类地行星，但我们能否抵达那里仍然是一个问题。即使我们在银河系的另一边发现了另一个完美的地球，也要长途跋涉，这段10万光年的旅程令人望而生畏。我们不知道我们是否能进行那么远的旅行，甚至不知道我们是否能在太空中生存那么长时间。现在我们拥有的地球，可能是我们唯一拥有的星球。

所以，在曲率引擎或虫洞成为现实之前，请密切关注你的扫地机器人，看在老天的分上，尽量不要把咖啡洒出来。

是什么阻止我们星际旅行?

星际旅行真的很刺激。仅是写下"奔向星空"这个短语就让我们兴奋。冲出我们小小的行星监狱并探索宇宙,将是人类的一个巨大里程碑。

人类的愿望清单

发明
智能手机

制作11部
《星球大战》电影

进行
星际旅行

在人类的全部历史中,我们一直被限制在宇宙的一个小角落里。除了登上月球的12名宇航员外,曾在地球上行走过的所有人都被困在这个狭小的岩质家园中。[1]即使是那12名逃脱地球引力的人,也几乎没有机会探索我们的宇宙邻居。他们去月球的短途旅行,在银河系尺度上就像离开一座房子去参观它的车库。

我把钥匙放在哪里了?

然而,我们知道还有更多东西等着我们探索和体验。

---

1 这12名月球漫步者中只有4个人还活着。所以亲爱的读者,你离开地球的概率大约是千亿分之四。

望远镜给我们提供了广阔而深远的宇宙视野。我们可以看到遥远的恒星和星系，知道它们不计其数。我们甚至获得了围绕这些恒星旋转的其他行星的图像，从而了解到生活在那里可能是什么样子。我们所有人内心的探险者都在好奇心的驱使下变得疯狂：那些行星到底是什么样子的？它们可能会成为人类未来的家园吗？有没有外星人住在那里，并和我们分享宇宙的深层秘密呢？抵达那些恒星可以让我们回答所有这些问题，甚至其他更多问题。

然而，事实仍是我们几乎都没有离开过太阳系。[1]究竟是什么阻止我们探索宇宙？是有实际的物理定律阻止，还是说仅仅是开发合适技术的问题？让我们来看看那些让太空旅行成为难题的挑战。

参观 COSMOS*

（不像你想的那么危险！）

*宇宙

宇宙太大了

正如我们在前几章了解到的，宇宙空间真的非常大，空间里的各物真的相距很远。仅仅是到达最近的恒星，也就是比邻星，你就必须旅行40万亿千米。这接近银河系恒星之间的平均距离，即48万亿千米。在真正意义上，我们被困在一个巨大的、空旷到不可想象的海洋中的一座小岛上。

然而，长距离所带来的问题并不是我们很难穿越。太空几乎是空的，所以没有太多东西挡住你的去路，也没有任何空气让你减速。真正的问题是你穿越

---

1 "旅行者1号"探测器于2012年离开了太阳系（或者更准确地说，离开日球层）。

过这些距离所花费的时间。

　　如果你要以人类宇宙飞船有史以来最快的速度（每小时4万千米）前往比邻星，这段旅程仍然需要很长的时间——超过10万年。显然，我们需要开得更快。

　　如果你能设法让宇宙飞船达到光速的十分之一（每小时1亿千米），你就可以在40年多一点的时间里到达比邻星。对于度假旅行来说，这真的太久了，但如果你打算永久搬到那里，可能就值得了。如果你的速度能更快，比如说达到光速的一半，那只需要不到10年的时间。

　　但是，比邻星以外的地方呢？如果我们想造访银河系的其他部分呢？银河系的直径有100亿亿千米，这意味着以一半光速的速度前进，到达银河系的另一边需要大约20万年。即使你能以四分之三光速前进，也需要大约133 333年才能到达。

　　幸运的是，一旦速度达到光速的四分之三，物理学就能帮你打发时间。在这样的速度下，相对论效应开始变得明显，时间会以不同的方式流逝。从你的角度来看，飞船前面的空间缩小了，所以你感觉到达银河系另一边的时间变短了。如果你的速度达到光速的99.999 999%，那么从你的角度来看，到达银河系另一边的旅程只需要30年。相当不错！[1]

1　当然，你到达那里的时候，被你留在地球上的人都已经死了数万年了。

　　然而，最困难的部分是让你的宇宙飞船达到那些令人难以置信的速度，这要耗费大量能量。动能大致与 mv^2 成正比，其中 m 是你的质量，v 是你的速度。v^2 项是关键，因为它意味着速度翻倍时所需的能量是原来的 4 倍。一艘载有足够乘客和设备去建立殖民地的中型飞船的重量可能达到几百万千克，将这么大的质量加速到光速的一半，所需要的能量多得听起来有点不可想象：大约 5 万亿兆焦耳，相当于地球上所有人一年消耗的能量的 100 倍。

　　那么，你从哪里获得这些能量？更重要的是，你如何携带这些能量呢？

牙签加速问题

　　思考太空旅行问题的一种方式是思考"牙签问题"。我们这里说的不是如何在地球和比邻星之间架起一座牙签桥，而是"如何将牙签加速到接近光速"。现在，这听起来并不是一个难题。毕竟，牙签很小，能有多难呢？嗯，当你考虑如何在太空中加速这个牙签时，问题就变得很棘手了。

牙签加速问题

在太空中推动物体的最常见解决方案是火箭。所以你可能认为答案很简单：只要用火箭加速牙签就行了。然而这是一个大问题，因为你的火箭不仅要推动牙签，还必须推动火箭的所有燃料。但携带的燃料越多，太空火箭就越重，这意味着你需要**更多**燃料。这个循环会一直持续下去，直到某一时刻，你携带的大部分燃料只是为了推动燃料本身。例如，要把一根牙签的速度推动到光速的10%，你需要一个燃料箱比木星还大的火箭！

当然，问题的一部分在于火箭的效率真的很低。火箭可能很有趣，也很令人兴奋（再加上它们发出的**震耳**噪声），但它们不是从一颗恒星到另一颗恒星的绝佳方式。当你燃烧火箭燃料时，你正在打破燃料的一些化学键，释放能量，但这些能量只占储存在燃料本身质量中能量的一小部分。$E=mc^2$ 告诉你从一些燃料中原则上可以提取多少能量，而化学燃烧只能为你提供其中约 0.000 1% 的能量。要从火箭燃料中产生 1 焦耳能量，你需要大约等价于 100 万焦耳质量的燃料。

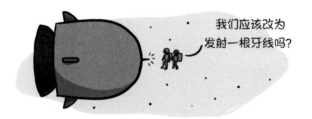

更高效的燃料

有比燃烧火箭燃料更好的方案吗？火箭燃料基本上是 19 世纪的技术。

如果我们能找到一种效率更高的燃料，那么牙签加速问题就会变得容易些。例如，当你能找到一种在相同重量条件下提供更多能量的燃料，你的牙签就不需要这么大的燃料箱了。

但处理能量更高的燃料是棘手的，很可能更危险。下面是一些有趣的选择，可能会让太空旅行变得更加容易。

核武器

核能比火箭燃料更深一层次，因为它释放储存在原子核内的能量，而不仅仅是储存在原子间键中的能量。但我们说的不是在你的宇宙飞船上建造核反应堆，这还是太低效了。为了让太空旅行变得可行，我们考虑的是将**核弹**绑在飞船尾部，然后引爆它们。核弹释放能量的效率要高得多。如果你建造一艘飞船，它四分之三的质量是核武器，那么一个接一个地引爆核武器可以很容易地将飞船的速度加速到光速的10%。

快坐上来，这速度快爆了。

这种方法听起来很有前途，但也存在一些障碍。首先，目前有一项国际条约禁止在太空中使用核武器。其次，你需要**大量**核武器，要推动一艘大小合适、适合长途星际旅行的宇宙飞船，所需要的核武器数量大约是目前地球上核武器总数的200倍。

离子驱动器

如果你对在核爆炸的冲击波中乘坐飞船并穿越太空不感兴趣，还有一个更干净、更高效的选择：粒子加速器（也就是"离子驱动器"）。

建造粒子加速器通常是为了科学研究：你加速粒子，然后看当它们撞向物体时会发生什么。但你也可以将它们用于航天推进。就像用枪发射一颗子弹，发射粒子会给你提供一个小小的后坐力，这就是动量守恒定律。如果你从一侧产生动量，就必须用另一个方向的动量与之平衡。发射一颗子弹（或一个粒子）就像在一个很滑的冰面上推开一个人：你们两个都会开始移动。

离子推进器只是一个从飞船后部发射粒子的大型粒子加速器。它用电能推动带电粒子，这是一种非常有效的将电能转化为速度的方式，缺点是它所产生的推力很微弱，因为你感觉到的反推力和粒子的质量一样小。因此，不能使用离子推进器从地球表面起飞，但如果你在太空中，它就可以推动你很长时间，让你达到非常高的速度。

离子驱动器的棘手之处在于获取电能。为了获得长途太空旅行的足够能量，你需要一个重型聚变反应堆或巨大的太阳能电池板，这会增加飞船的质量，降低效率。幸运的是，粒子物理学也为这个问题提供了一个潜在答案。

反物质

为了给离子驱动器提供动力，我们需要一种尽可能高效的能源，而没有什么比把所有质量都转化为能量更有效了。这就是反物质的力量。

反物质真实存在，不是科幻小说的幻想。我们发现的每一种物质粒子都有一个相应的反粒子。电子有反电子，夸克有反夸克，质子有反质子。[1]反物质为什么存在还是个大谜团，但重要的是当物质和反物质相遇时会发生什么。

1　我们还不确定中微子是否有单独的反中微子，还是说它们的反粒子就是自身。

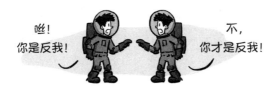

当你的太空歌剧变成了肥皂剧

当反物质撞上常规物质时，它们都会湮灭，将所有质量转化为能量。例如，如果一个电子遇到一个反电子，它们就会变成一个光子。对所有物质－反物质都是如此。它的效率非常高，因此少量的反物质与少量的物质结合就可以释放出大量能量。如果一颗葡萄干撞上了一颗反葡萄干（一种由反粒子组成的葡萄干），它将释放出比核爆炸更多的能量。

虽然这个想法听起来很有前景，但它也是一个非常危险的想法。如果任意一点儿反物质燃料接触你的（常规物质）飞船，"轰！"一般来说，你想要的是能量被可控地释放，以此来驱动飞船，而不是突然爆炸，把你炸成碎片。存储反物质**很难**。你可能会想到用磁场保存它，但这可能不是长久之计。小小的泄漏就会让你"拜拜"。

反物质燃料的另一个问题是，需要搞清楚从哪里获得反物质。虽然我们目前拥有在高能粒子碰撞中制造它的技术，但成本高得惊人。欧洲核子研究中心的对撞机每年制造出几皮克[1]反物质，算下来制造每克反物质将耗资数百万亿美元。扩大生产规模到为整个宇宙飞船提供动力，成本可能高到不可实现。

黑洞驱动

为你的宇宙飞船提供效率100%的能量，另一个可能性是使用黑洞。黑洞是宇宙中最紧凑的能量储存方式。

1　译者注：1皮克等于万亿分之一克。

事实证明，黑洞也会释放能量，它们会产生一种名为"霍金辐射"的东西。科学家们推测，当一对正反粒子在黑洞边缘附近产生时，黑洞就产生这种辐射。由于量子涨落，这种正反粒子的产生一直在常规空间中发生。但是当它发生在黑洞边缘时，就会发生一些有趣的事。粒子从黑洞的引力中得到一点儿能量的提升，实质上借用了黑洞的部分能量。如果其中一个粒子逃逸，而另一个粒子被黑洞吸进去，那么逃脱的粒子就会带走黑洞的部分能量。对于黑洞来说，失去能量基本上意味着失去了一些质量。通过这种方式，黑洞实质上将其部分能量转化为辐射，从边缘向外发射粒子。如果你能捕捉到这些粒子，就可以用它们驱动你的飞船。

对于一个大黑洞来讲，这种辐射非常微弱，但物理学家认为，对于较小的黑洞，这种辐射要强烈得多。一个重量相当于两座帝国大厦的"小"黑洞会释放出大量粒子，并且非常明亮，逐渐将储存在其质量中的所有能量转化为辐射。

我们的想法是，把黑洞放在飞船的中心，然后建造你的飞船，这样它就会把所有的黑洞辐射从飞船后部折射出去。这股冲力足以推动你的飞船前进。当你的飞船向前移动时，飞船的引力会拽着它后面的黑洞，让你的疯狂黑洞装置保持一体。

等等，是我们在驾驶黑洞，还是黑洞在驾驶着我们？

制造小黑洞作为燃料并非易事，但如果我们能做到这一点，科学家们认为这些黑洞将会持续运转几年，不断释放出能量，直到它们蒸发消失。

扬帆远航

乘坐由核爆炸、致命反物质或危险黑洞提供动力的宇宙飞船，如果这些想法让你重新考虑访问其他恒星的整个想法，我们现在也完全理解。

不幸的是，如果你一直坚持要打包好旅行所需的所有燃料，那么很难找到比这三种更有效的燃料了。

但如果有一种不同的方式可以在浩瀚太空中航行呢？如果你真的可以"航行"到另一颗恒星或行星上呢？

毕竟，这就是人类最初在海上航行的方式。我们并没有像现在这样带上所有的燃料。水手们依靠风把自己送到目的地。如果也有这样的东西可以用于太空旅行呢？

太阳能帆听起来有点傻，却是一个实实在在的选择，也是一项经过验证的技术。这个想法是，你的飞船上有一个可以捕捉粒子的宽大区域，就像帆捕捉风一样。当粒子从帆上反弹时，它们的动量会传递到帆上，给你的飞船一个推力。

要去探索了，你准备好了吗？

这些粒子从何而来？很幸运，我们有一个产生高速粒子的巨大能源——太阳。这个令人惊叹的聚变球体，不断地向各个方向发射光子和其他粒子。想驶出太阳系，你要做的就是把粒子捕捉器对准太阳，让它的射线和辐射轻轻地把你推向宇宙。

需要注意的是，太阳光不足以使飞船达到星际旅行所需的高速，你离太阳越远，太阳风就变得越微弱。在地球上建造一个巨大的激光器，将其对准即将发射的飞行器，直接从地球上推动它可能是一种解决方案；另一种解决方案是，建造巨大的镜子以聚焦太阳的能量。这两个想法都可以给你的飞船带来所需的加速度，使其速度达到光速的十分之一或更快。

那我们还在等什么呢？

我们搞清楚了。我们在这里讨论的一些想法似乎有点儿疯狂，但从物理学角度来看，它们在技术上都是可行的！这意味着，没有什么能阻止我们造访其他恒星。我们知道怎么做，我们只是需要……行动起来。这可能既昂贵又复杂，但物理学不是问题所在。这几乎就像宇宙在鼓励我们这么做。创造和驾驭一个黑洞似乎是不可能的吗？能不接触反物质就把它装到瓶子里吗？当然可以！想想所有人类曾经认为不可能实现的事情，我们都实现了。

我们需要的只是想象出它的眼界，以及坚持到底的意志。宇宙在召唤我们，把目光投向最遥远的地平线，让我们唤醒内心的探索者，然后举头仰望……奔向星空！

会有一颗小行星撞击地球并杀死
我们所有人吗？

你永远也不会看到它的到来。

这是关于人们通常如何面对厄运的传统看法。生活处处有惊喜，也包括它的终结。

对于人类这个物种来说，情况可能尤其如此。毕竟，太空是一个危险的地方，而我们这些软绵绵的生物依附着一颗在黑暗宇宙中颠簸前行的小行星。外面是巨大而未知的空间，充满了即将爆发的恒星、超大质量黑洞，以及潜在的邪恶外星生物。

幸运的是，据我们所知，超新星和黑洞（以及外星人）在短期内不会在我们附近出现，但**确实**有一种危险，那就是某些可能会来找我们并预示着我们提早灭亡的东西——岩石。太空中到处都是巨大的岩石，它们以极高的速度不停地飞来飞去，撞向任何挡路的东西。

如果有人怀疑太空岩石的危险性，只要看看太阳系中任意一颗没有保护性大气层的卫星或行星的表面就知道了。你会看到无数陨石坑，其中一些宽达数千千米，每个陨石坑都是剧烈碰撞的证据。例如，我们的月球上有数百万个陨石坑，比青少年脸上长出的粉刺还多。

很多人因此怀疑：我们是下一个目标吗？一块大石头撞击地球并杀死我们所有人，可能性有多大呢？这些高速飞行的石头究竟是从哪里来的呢？

太空中的岩石

当你想到危险、巨大的小行星时，你可能会认为它们来自太空深处，远远超出我们的太阳系。但实际上，一块致命的石头最有可能就来自我们的太阳系。这是因为星际空间相当空旷，而我们的太阳系却**充满**巨大的致命岩石。下面让我们到附近主要的太空岩石群中游览一番。

小行星带

第一组太空岩石是介于火星和木星之间的岩石集合——小行星带。小行星带中有数百万块岩石，这些岩石大多数都很小，但有数百个的直径超过100千米，有些直径大到950千米（和蒙大拿州的大小相当）。只要其中任何一块较大的岩石撞到地球，我们所有人就很可能会被杀死。

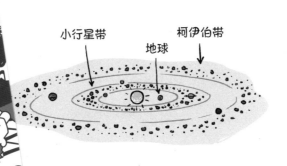

柯伊伯带

小行星聚集地是柯伊伯带，这是一个由冰球组成的巨大
轨道之外。柯伊伯带包含大约10万块直径超过80千米的
很危险。

奥尔特云

一片远在冥王星之外的巨大冰尘星云，我们看到的大
据天文学家推测，奥尔特云中有数万亿块直径超过
数十亿块直径大于20千米的冰岩石。
街区并不像你想象中那么整洁，实际上到处是

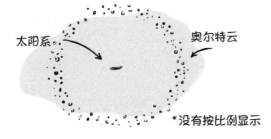

我们的太空街区怎么会有这么多石头？这一切都要追溯到最开始。我们的
太阳系由气体、尘埃和小石子组成，一些物质在宇宙大爆炸期间产生，另一些

则是恒星燃烧、爆炸后的残骸。大多数较轻的气体聚集到中心，形成一个密度极高的气团，引力将其点燃成恒星，形成我们的太阳。其余的许多气体聚集在外围，由于没有足够的引力将它们点燃成恒星，它们在引力的压力下变成了拥有炙热的熔融核心的行星。但并不是所有剩下的碎石都被吸附到太阳或行星上，剩下的大量碎石聚集在一起，形成更小的天体，仍然在太阳系周围疾速旋转。

　　起初，太阳系是一个混乱的地方，一切都是新的，这些年轻行星和大块岩石全都在争先恐后地进入正轨。你可能认为一颗行星运转得很不错，但突然之间……"轰！"它撞上了另一块有着同样想法的巨石。科学家们认为月球就是这样形成的：一颗巨大的小行星撞上了新生的地球，将地球的一大块送到了附近轨道上。

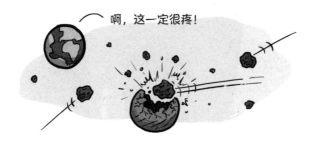

啊，这一定很疼！

　　幸运的是，太阳系现在已经很古老了，早期疯狂碰撞的日子已经平静下来。到目前为止，太阳系中大多数物体都在稳定的轨道上运转。我们现在能看到的，都是可能还没有撞毁的或者已经学会与其他行星和小行星"随波逐流"的东西。这就像你在欧洲看到的那种疯狂的环形交叉路口，大家都在彼此非常靠近的地方超速行驶。他们这么做已经很多年了，所以你可以肯定他们知道自己在做什么。

%$#^@!*　　　　　#@*~&!*

*翻译自意大利语

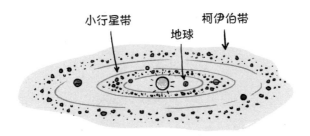

柯伊伯带

　　地球附近第二大的小行星聚集地是柯伊伯带，这是一个由冰球组成的巨大圆盘区域，位于海王星轨道之外。柯伊伯带包含大约10万块直径超过80千米的冰岩石，这些冰岩石同样很危险。

奥尔特云

　　最后是奥尔特云，这是一片远在冥王星之外的巨大冰尘星云，我们看到的大部分彗星都来自这块区域。据天文学家推测，奥尔特云中有数万亿块直径超过1千米的冰质太空岩石，还有数十亿块直径大于20千米的冰岩石。

　　事实证明，我们的太空街区并不像你想象中那么整洁，实际上到处是垃圾！

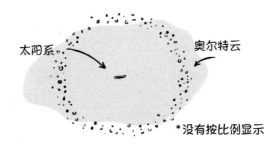

　　我们的太空街区怎么会有这么多石头？这一切都要追溯到最开始。我们的太阳系由气体、尘埃和小石子组成，一些物质在宇宙大爆炸期间产生，另一些则是恒星燃烧、爆炸后的残骸。大多数较轻的气体聚集到中心，形成一个密度极高的气团，引力将其点燃成恒星，形成我们的太阳。其余的许多气体聚集在外围，由于没有足够的引力将它们点燃成恒星，它们在引力的压力下变成了拥有炙热的熔融核心的行星。但并不是所有剩下的碎石都被吸附到太阳或行星上，剩下的大量碎石聚集在一起，形成更小的天体，仍然在太阳系周围疾速旋转。

起初，太阳系是一个混乱的地方，一切都是新的，这些年轻行星和大块岩石全都在争先恐后地进入正轨。你可能认为一颗行星运转得很不错，但突然之间……"轰！"它撞上了另一块有着同样想法的巨石。科学家们认为月球就是这样形成的：一颗巨大的小行星撞上了新生的地球，将地球的一大块送到了附近轨道上。

啊，这一定很疼！

幸运的是，太阳系现在已经很古老了，早期疯狂碰撞的日子已经平静下来。到目前为止，太阳系中大多数物体都在稳定的轨道上运转。我们现在能看到的，都是可能还没有撞毁的或者已经学会与其他行星和小行星"随波逐流"的东西。这就像你在欧洲看到的那种疯狂的环形交叉路口，大家都在彼此非常靠近的地方超速行驶。他们这么做已经很多年了，所以你可以肯定他们知道自己在做什么。

%$#^@!*   #@*~&!*

*翻译自意大利语

但这并不意味着我们脱离了危险。一些小行星或冰球未来仍有可能撞击到地球上，或者它们未来可能会转换到与地球相交的轨道上。有时，这些岩石可能会被撞出自己的轨道，从而造成麻烦。例如，远处的太阳可以使小行星的一侧略微变暖，从而改变其轨道，小行星会朝着另一块岩石撞去，然后再与另一块岩石相撞，以此类推。如果它们中的任何一个与木星的引力相互作用，就会被拉入太阳系内部。不知不觉中，内太阳系公路上已经堆积了上千块岩石，你需要买一个10亿年的保险了。

说真的，能有多糟糕呢？

如果小行星撞上地球会发生什么？那得看情况。

在岩石真正撞击地球之前，它必须穿过大气层，这使我们得到一些保护。空气中的粒子会拖拽飞来的岩石并使其减速，就像一块能够吸收冲击力的垫子。想象一下，一颗子弹射向一池水，或者一个保龄球掉进一大桶果冻里[1]。空气颗粒无法以足够快的速度躲闪开，太空岩石的能量将空气颗粒压缩成冲击波。当空气或任何东西被压缩时会变热，在这种情况下，震波前沿的温度可以达到3 000华氏度（约1 650摄氏度）。这就是我们的航天飞机和着陆舱从轨道返回时会发热的原因，也正因如此，我们要在它们前端放置先进陶瓷和冷却系统，用以转移和吸收空气阻力产生的热量。

我正火速飞来！

---

1 真的，想想看。这是个有趣的画面。

来自太空的岩石通常不会配备特殊的护盾以保持冷却，所以它们会变热，**非常**热。根据温度的不同，它们可能在大气中碎裂，爆炸成更小的碎片，像雨点一样落在地面，或者可能聚集在一起，在与地球表面撞击时把大部分能量释放出来。

小岩石（最大直径可达1米）实际上一直在撞击地球，但它们在大气中以流星的形式燃尽。如果你在晴朗的夜晚注意到它们，会发现它们看起来很漂亮。

但随着岩石越来越大，它们开始变得更加危险，即使是我们的大气层也无法阻止它们。为了让你对规模有一个概念，下面的图表将不同大小的小行星拥有的能量与"二战"期间投放在广岛的原子弹爆炸威力进行了比较。

直径5米的岩石与投在广岛的原子弹的能量大致相同。这听起来很糟糕，但实际上，科学家们并不太担心这些问题。这些岩石经常会撞击到海洋中的某个地方，或者在高层大气中爆炸，通常远离人口稠密的地区。

小行星直径	爆炸威力
5米	1颗广岛原子弹
20米	30颗广岛原子弹
100米	3 000颗广岛原子弹
1千米	3 000 000颗广岛原子弹
5千米	100 000 000颗广岛原子弹

当岩石尺寸上升到直径20米（大约5头大象宽）的时候，这块岩石携带的能量就相当于30颗广岛原子弹的能量，那将是一次巨大的爆炸。如果我们真的

很倒霉，这块石头成功穿过大气层并撞到像曼哈顿这样的地方，一场巨大的灾难就会发生，数百万人将失去生命。但这并不一定意味着人类的终结。事实上，最近就有一颗直径20米的小行星就在我们的大气层中爆炸了。

2013年，在俄罗斯车里雅宾斯克上空，一块直径20米的小行星带岩石以每小时6万千米的速度撞击我们的大气层。当时正值上午10点，但据报道，爆炸发出的光比太阳还亮，100千米外都能看到。大约有1 000人受伤，这一惊人场面足以引起恐慌，但还不足以终结地球上的人类时代。

超过这个尺寸（在千米范围内），对我们这个物种来说才是危险区的真正开始。科学家们认为，地球最近一次被数千米大小的岩石撞击发生在6 500万年前，这可能导致了恐龙灭绝。[1]

你可能会问自己：如果地球的直径宽达10 000多千米（准确地说是12 742千米），那么一块直径区区几千米的岩石，是怎么造成如此大的破坏的呢？让我们来看看一块5千米宽的不起眼的岩石会发生什么吧。

一块直径5千米的岩石落到地球上，会携带大约10^{23}焦耳的能量。相比之下，美国人平均一年消耗约3×10^{11}焦耳能量，全人类一年消耗约4×10^{20}焦耳能量。因此，这一次碰撞将携带相当于一千年的人类能量，并全部集中在一个点上迅速释放。以核武器单位来衡量，这相当于20亿千吨的核武器，大约是广岛原子弹能量的1亿倍。

如此多的能量释放在陆地上将产生爆炸冲击波，冲击波将从撞击点迅速传

1　有趣的是,科学家们认为杀死恐龙的岩石（直径大约10千米）在真正撞击地球的前几年就已经从地球周围掠过,恐龙中的科学家本该注意到的。

播，携带足够的热量和风，摧毁方圆数千千米内的任何东西。冲击波还会引发地震，摧毁周围所有土地，并引发大量火山喷发，使整个地区浸泡在炽热的火山熔岩中。

如果你在靠近撞击点的任何地方，那么命运将会很简单：你死定了。你会被烧焦、烤黑，不管涂多少黄油都没用。你需要离得多近才会变成这样呢？在这种情况下，如果纽约发生撞击，那么洛杉矶可能都离得不够远。

你听到什么了吗？

但即使远离撞击区域（比如在地球的另一侧），你可能也活不了多久。虽然你可以躲过直接的冲击，但仍然会遭受撞击引发的地震和火山重燃带来的影响。不过，更大的问题是过热的尘埃、火山灰和岩石碎片云，它们将被抛入大气层，这些超热尘埃的一部分会随着地球转动而飘移，烤焦地球表面，烧毁森林。它们将在天空中停留**很长**一段时间。这些云团将使地球笼罩在黑暗中数年、数十年或更长时间，这很可能就是恐龙死亡的原因。

你可能会想，如果小行星撞到水面而不是陆地会发生什么。不幸的是，情况并不会变好。首先，尽管大量的初始能量会被海水吸收，然而还是会造成**几千米**高的巨型海啸。想象一下，你抬头看着一个比帝国大厦高四五倍的巨浪，如此高大的海浪意味着丹佛将突然成为海滨地带，澳大利亚和日本将完全从地图上消失。

我猜没人需要防晒霜了。

　　这仅仅是直接后果。一团巨大的尘埃云可能会破坏大部分生态系统，使我们所知的生命变得不可持续。如果小行星撞到水面，还会使大量水蒸气进入大气，加速温室效应。这种温室效应会将地球上的能量困在大气之内，使地球升温到不适宜居住的温度。

　　以上就是一块直径5千米的岩石产生的效应，现在想象一下，一颗**更大**的小行星产生的破坏力会有多强！

你好。

可能性有多大？

　　为了弄清楚一颗大型小行星撞击我们的可能性有多大，以及我们是否会看到它的到来，我们采访了美国国家航空航天局（NASA）近地天体研究中心（Center for Near-Earth Object Studies，简称CNEOS）的工作人员，该中心总部设在加利福尼亚州帕萨迪纳市的喷气推进实验室（JPL）。说真的，他们的名字应该是"小行星防卫军"（Asteroid Defense Force），因为他们的任务是防止人类因为被一块巨大的岩石撞击而让彻底灭绝。（你本来认为**自己**的工作很重要吧？而现在呢？）

　　CNEOS（和他们的国际合作伙伴）的主要方法是寻找并跟踪太阳系中的所有岩石，如果其中任何一块岩石在未来有可能会撞到地球，他们就会发出一个警告。经过数十年的艰苦工作，CNEOS团队已经通过望远镜创建了一个非常好

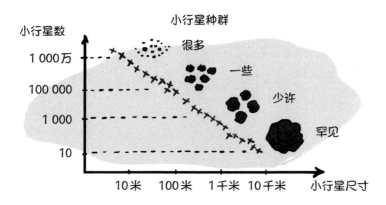

的数据库，记录了我们周围所有的大岩石和它们现在的位置，以及在不久将来和遥远未来的位置。

他们发现，岩石的大小与它们在太阳系中的数目成反比。我们附近有很多小石头，但很难找到真正大的石头。换句话说，岩石越大，它就越稀有。这是个好消息，因为一种岩石越稀有，就越不可能撞到我们地球。

例如，CNEOS估计太阳系中有数亿块直径约1米的岩石。这是一个很大的数目，而且这种大小的岩石实际上一直在撞击地球，每年大约500次。这意味着在任何一天，都可能会有一块这样的岩石在地球的某个地方坠落。幸运的是，它们造成的损害很小。

但是那些真正的大岩石呢？虽然它们比较罕见（太阳系中只有大约1 000块直径为1千米的岩石，只有几十块直径大于10千米的岩石），但只要其中一**块**撞到地球，就有可能终结人类。

岩石越大就越稀有，例如直径5米的岩石在太阳系中有数千万块，大约每5年才撞击一次地球；直径20米的岩石（如在俄罗斯车里雅宾斯克爆炸的那种）数以百万计，平均每50年才撞击一次地球。

幸运的是，这样的大型岩石不仅罕见，而且相对容易被看到。如果一块大岩石处在有规律的轨道上，我们很可能已经看到它反射来自太阳的光线。这意味着CNEOS团队相当有信心知道这些岩石大多数在哪里。他们已经清点了它们的数量，并绘制了它们的轨迹。到目前为止，它们在未来似乎都不会与我们相撞。

至少，我们认为它们暂时不会。好消息是，我们知道太阳系中90%的大岩石在哪里；坏消息是，我们还不知道太阳系中其余10%的大岩石在哪里。

一些大的岩石可能还没有被我们发现。它们可能隐藏在某处，或者在一个我们无法观测到的遥远轨道上。请记住，小行星自己不会发光，而且几千米的直径与我们太阳系相比是很小的，这意味着一颗大型小行星仍有可能从黑暗的太空中悄悄靠近我们。

致命的雪球

更让CNEOS的科学家们担心的，是另一种可能撞击我们的太空岩石：巨型雪球（也就是彗星）。虽然NASA已经对太阳系中大多数可以杀死我们的小行星了如指掌，但事实证明，彗星却难发现得多。

我们看到的大多数彗星都是由岩石和冰组成的巨大球状物，它们沿很长的轨道从奥尔特云区域向太阳运动。有时，这些轨道可能需要数百年或数千年才能绕太阳一周，这意味着当一颗彗星访问内太阳系（我们的近邻区域）时，很可能是我们第一次看到它。

更糟糕的是，从寒冷的宇宙郊区出发经过长途旅行后，彗星的移动速度会比小行星快得多，这意味着：A. 我们将没有时间（最多一年）做出反应；B. 如果它们撞击地球，将产生更具破坏性的影响。

科学家们认为，彗星撞向我们的可能性也许很小，但很难估计。最近，这种情况就发生在我们的一个邻居身上：1994年，苏梅克－列维9号彗星（Shoemaker-Levy 9）在朝太阳运动的途中碎裂成21块，这些碎块撞上了木星。其中一块造成了相当于地球大小的巨型爆炸。

事实上，正是这次彗星碰撞促使NASA创建了近地天体项目，对所有近地天体进行编目和跟踪。既然它发生了一次，就可能会再次发生，甚至可能发生在地球身上。

我们能做些什么呢？

假设一颗彗星突然冒出来，即将撞向我们；或者我们发现了一颗以前从未见过的新的大型小行星，并且了解到未来它的轨道会与地球轨道相交；或者太阳系发生了什么事件，于是一块大石头被直接抛向我们。我们对此能做些什么呢？

在电影中，只需要一段包含一群穿着实验室外套的科学家、一壶咖啡、一块满是涂鸦的白板的有背景音乐的剪辑，就能找到解决方案（另外，能得到布鲁斯·威利斯的帮助也可以）。但这现实吗？

令人惊讶的是，这也是CNEOS这样的组织在积极考虑的事情，根据他们的说法，对付朝地球撞来的大石头有两类策略。

选项1：偏转

第一种选择是设法使小行星或彗星偏转。也就是说，改变它们的轨道，从而避免与地球相撞。科学家对此有几个好主意：

　　火箭：这个计划需要向即将到来的岩石发射火箭，要么撞上它，要么炸毁足够多的岩石从而改变它的运动轨迹。也有可能（尽管可能性较小）让火箭降落在岩石上，并使用助推引擎将岩石推入新的轨道。
　　挖掘机：还有一个想法是发射一台巨型起重机或机器人降落到岩石上并开始挖掘，把挖到的所有碎片抛到太空中。这些碎片的动量基本会使岩石改变运动轨迹。
　　激光：另一个有趣的想法是，在地球上建造一台巨型激光器，然后将激光射向小行星或彗星，目标是加热岩石的一侧，这样融化的冰或蒸发的岩石就会把岩石推离可能与地球相撞的轨道。

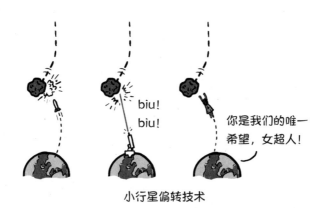

biu!
biu!

你是我们的唯一希望，女超人！

小行星偏转技术

镜子：如果你想用更加花哨的做法，可以发射一套透镜和镜子来收集太阳光，并将其聚焦到岩石上。这会蒸发掉岩石的一些物质，将它推离会与地球碰撞的轨道。

选择2：摧毁

当然，第二种选择是试图在这块大石头到达地球之前把它摧毁。换句话说，用核武器攻击它。

一种想法是发射一枚核导弹，拦截岩石并将其炸毁，希望把岩石炸成更小的碎片，然后在大气层中燃尽。其中一些碎片可能还会撞到地面，但这比整个岩石撞到地球要好得多。

另外，即将到来的小行星可能多半只是一堆碎石，因为引力而松散地聚集在一起。在这种情况下，一次核爆炸不会非常有效地将岩石分散，我们最好发射一系列较小的核武器。也许我们应该优化核爆炸的距离，使其最大限度地分散；也许应该在小行星表面不远处引爆核弹，这样就会使小行星的路径偏转，而不是摧毁它们。

当然，决定这些策略是否奏效的最关键因素是我们有多少时间。根据CNEOS的说法，"为了在小行星或彗星撞击中幸存下来，最重要的三件事情是：（1）早发现；（2）其他两件并不重要"。[1]

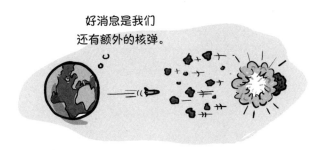

好消息是我们
还有额外的核弹。

如果我们接到警告的时间足够长（希望是几年），那么我们可能有时间构建和部署其中一种战略。不仅如此，更多的时间也会给我们更多影响结果的机会。

例如，如果我们了解到一颗特定的小行星将在100年后撞击地球，我们今天给它任何微小的推动，都将会对它未来的轨道产生巨大的影响。这就像使用狙击步枪向1千米外的目标发射子弹，枪口最轻微的偏移也会使子弹在长达千米的整个飞行过程中产生极大的侧向位移。同样的道理也适用于小行星：如果你提前看到一颗距离很远的小行星，那么只需要稍微推它一下，就可以让它偏离轨道。

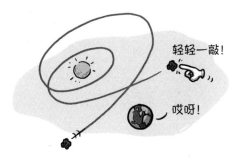

轻轻一敲！

哎呀！

1　这是CNEOS高级研究科学家史蒂夫·切斯利（Steve Chesley）博士的原话，他很慷慨地同意为本章内容接受采访。

这就是跟踪所有围绕我们飞行的小行星和彗星是如此重要，以及一颗小行星或彗星突然出现的想法如此可怕的原因。

你应该担心吗？

在你开始建造地下掩体或疯狂购买罐头食品之前，我们应该告诉你，小行星杀死我们所有人的可能性实际上并没有那么高。

在短期内，NASA 的团队和世界各地从事这项工作的其他几十人，正在尽其所能地及早发现这些岩石，他们默默做着这些可靠的工作，因此你不必一直焦虑地抬头看。他们相信，几乎所有可能杀死地球生命的岩石都已经被发现并被研究得很清楚了，它们对地球的风险可以忽略不计。当然，甚至我们还有更强大的望远镜的计划，比如近地天体监视任务太空望远镜（Near-Earth Object Surveillance Mission space telescope）和薇拉·鲁宾地面望远镜（Vera Rubin ground telescope），这将极大地提高人类更早发现太空岩石的能力。考虑到你的个人风险，你更有可能死于地球上的某些东西（车祸、淋浴时摔倒、被你的宠物沙鼠勒死），而不是来自太空的岩石。

但宇宙不可预测，我们的科学也有局限，记住这两点总归是好的。也许在我们的太阳系里潜伏着一颗上面有我们名字的大型小行星，或者一颗彗星可能正从远处直冲我们飞来。在我们的太阳系这样复杂的星系中，准确预测任何事情都是一项非常艰巨的任务。还记得在俄罗斯车里雅宾斯克上空爆炸的那颗小行星吗？我们不知道它是从哪里冒出来的，当它撞到大气层的时候，我们才得到唯一的警告。

事实上，我们生活在一个由岩石和行星组成的混乱环境当中，所有岩石和行星都在错综复杂的引力作用中相互推拉着运动。每一次碰撞或靠近都应该让我们停下来思考，应该激励我们进一步支持科学，这样才能更了解我们的宇宙邻居。我们也应该思考人类的合作能力，以及我们是否可以为了人类的生存而搁置分歧。

　　因为我们不这样做的话，那么……只要记住恐龙的遭遇就行了。

没想到会这样。

人类可以被预测吗？

让我们花点儿时间思考一下你所做的选择。例如，你选择拿起这本书，你现在选择阅读这些词。好了，你又做了一次，你同样选择了阅读**这些**词。还有**这些**。

还有这些。

好，现在你可能想**停止**阅读这些文字，只是为了证明你有选择权，我们不能控制你。毕竟你有自由意志，对吧？如果能让你感觉好一点儿，那就继续往别处看一会儿吧，我们会等你的。

你回来了吗？很好的选择（我们完全预料到了这一点）。

关键是，我们都喜欢认为自己的行为是由我们自己负责的。在度过一天时，我们会做出成百上千个决定。我应该起床还是按掉闹钟继续睡觉？我今天要洗澡吗？早餐我应该吃培根和鸡蛋，还是喝一碗温热的燕麦粥？世界尽在你的掌控之中，如果你早餐想吃牡蛎，你也可以这么做。虽然我们不推荐，但这是你的选择。

牡蛎圈！

这是你的选择。

这种掌控感，让我们对一种说法感到不适：我们的任何选择都是被预先确定的，或者是可以被预测的。我们愿意相信，当我们决定做某事时，这个想法就发生在那一刻，不是在那之前，而且没有人能预见到这一点。

但真的是这样吗？我们的选择真的不可预测吗？随着科学的进步和我们对物理定律的理解越来越全面，很多人开始好奇是否有可能预测一个人将会做出什么决定。或者，把这个问题从实验室带到哲学殿堂里：我们在做决定时真的有选择吗？或者，一个具有复杂思考能力的物种的行为，能被简化为一套简单的、可预测的规则吗？

如果你选择阅读这个答案，那么答案就在眼前。但请注意：我们预测你可能不会喜欢它。

你大脑中的物理学

据我们所知，宇宙中的一切都遵循物理定律。到目前为止，我们还没有发现一件不符合物理定律的事情。几个世纪以来，我们发现并改进的定律似乎适用于一切事物，从细菌到蝴蝶，再到黑洞。

既然**你**也在宇宙中，那么物理定律同样适用于你，也适用于你的大脑。大脑是你思维存在的中心，它和黑洞由相同的物质（物质和能量）组成，所以适用于黑洞的规则也同样适用于大脑。

物理学如何帮助我们理解大脑？有没有一条规则可以预测你今天会吃多少

饼干，或者你会不会转而选择吃香蕉呢？不幸的是，根本没有牛顿第二饼干定律，也没有爱因斯坦香蕉大脑方程。相反，物理学可以通过把大脑分解成我们可以理解的更小、更简单的片段，来描述类似大脑的东西。接下来让我们把所有的碎片放在一起，看看整个系统如何运作。

相信我，
我可是个博士。

这就像你小时候拆开一个烤面包机，看看它如何工作一样。希望我们能把你的大脑重新组合在一起，不像你那台烤面包机。

你的大脑可以被分解成几个脑叶，而这些脑叶可以被分解成一些神经元。每个神经元本质上都是一个从其他神经元获得"开"或"关"信号的小型电开关。然后，基于这些信号，神经元可能会向其他神经元发出"开"或"关"的信号。

你的整个大脑都由这些神经元组成。860亿个神经元由超过100万亿个联结连接在一起。这个由简单生物开关组成的巨大网络构成了你：你的记忆、能力、反应和思想。

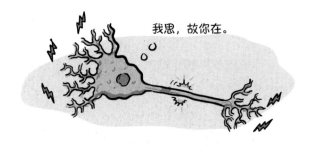

我思，故你在。

差不多就是这样。这就是你的大脑：一堆简单的开关和大量的联结。

和电子开关一样，每个神经元的输出由它得到的输入和内部的小型生物电路决定。神经元没有情绪，也不会突发奇想，它们不会因为自己"感觉"喜欢

某个东西就去做什么。每个神经元只是遵循其遗传组成中的规则。[1]

　　这是否意味着大脑可以被预测？毕竟，如果一个神经元只是遵循规则，那么你应该能预测它会做什么。如果你能预测一个神经元会做什么，那么你应该就能预测一串连接在一起的神经元会做什么。如果你能做到这一点，那么理论上你就可以预测一个人会做什么。

　　没那么容易。大脑中存在的某些东西，使预测变得不那么容易。这些都与混沌理论和量子物理有关。

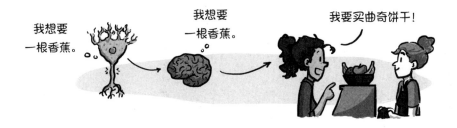

混乱的大脑

　　虽然神经元没有情绪，但它们仍然是一团敏感的东西。

　　即使某些东西是纯机械的，比如一台经过完美调整的机器或一个严谨的计算机程序，也并不意味着它总是给你同样的结果。例如，你抛硬币时并不总是

1　实际上更复杂一点儿，神经元也可以改变和适应。但即便如此，每个神经元也遵循着如何改变和如何适应的规则，所以要点不变。

得到正面。即使一枚硬币在被抛向空中和落到地面时遵循物理定律，让它每次都同一面向上仍然非常困难。这是因为硬币的翻转对抛硬币方式的微小变化非常敏感，手指的轻微抖动、随机的气流，或者桌面上的一个小小凸起，都会影响硬币落地时哪一面朝上。

同样，神经元对输入的微小变化非常敏感。神经元的工作原理是将从其他神经元获得的"开"或"关"的信号相加，根据每个联结的强度对它们加权。如果所有信号的总和超过一个阈值，神经元就会被激活，并向下游与其输出相连的所有神经元发送一个"开"的信号。但如果总和没有达到阈值，神经元就会保持沉默。你可以想象，仅是（几千个信号中的）一个输入信号或者其中一个联结强度的微小变化，就会对神经元是否被激活产生影响。

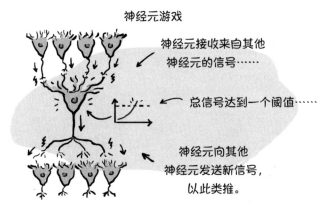

神经元游戏

神经元接收来自其他
神经元的信号……

总信号达到一个阈值……

神经元向其他
神经元发送新信号，
以此类推。

当你将许多神经元连接在一起时，这种敏感性会变得更加显著。一个神经元的微小变化可能导致一系列后果，从而给神经网络带来完全不同的输出结果。例如，这个小小的变化可能意味着你选择吃饼干还是吃香蕉。

当一个系统对微小的变化如此敏感时，物理学家说它是"混沌的"，这也是物理学不能准确预测天气的原因。我们可以预测一滴雨滴的作用，但气象是由许多水滴和空气分子组成的，它们对彼此（以及与风、山脉、冷空气等）的碰撞很敏感。这些影响并不会相互抵消，而是互为基础，变得越来越强。如果有无数滴水滴，那么现在稍微弄错其中一个水滴的方向，就可能导致你对明天暴雨的预测完全错误。再加上不断扇动翅膀的讨厌蝴蝶，整个事情就变得非常混乱，以致无法预测。

和暴雨一样，大脑是混沌的。你可以试着预测一个神经元的行为，并得到准确的结果。但是，如果你的预测不完美呢？比如，你的神经元模型99%是准确的，这很好（在数学考试中得到99%的分数就是"A+"评分）。但99%正确也意味着有1%的错误，当你试图预测下一组神经元时，这些错误将会传播和增长。推算到860亿个神经元后你就会明白，为什么预测你的大脑要做什么是一件非常困难的事情。

不过，科学最终可能会找到预测天气的方法。如果你有足够的算力（和足够的时间），理论上可以完美地模拟任何东西。事实上，当今世界上大多数超级计算机都致力于建立越来越精确的地球天气模型。你可以想象未来的计算机非常庞大和强大，因此可以完美地模拟你大脑中的每一个神经元和连接，并且精确到分子水平。

我能看到你正在为逃避
这些东西而头脑风暴。

这是否意味着，科学家们未来或许能够创造出某种新型超级计算机，为你的大脑建模，并预测你决定吃什么零食？如果你的大脑也是量子力学的，那就不行了。

你的量子大脑

如果你的大脑是混沌的，这是否意味着它不可预测？不一定。一个系统是混沌的并不意味着它不可预测。虽然很难，但它仍然可以被预测。毕竟它仍然遵循物理定律，物理定律是可以被模拟的，因此它也可以被预测。

但是，如果物理定律本身可以使某些事情变得不可预测呢？

当你剥开几层现实，观察构成我们周围一切的粒子时，你会发现宇宙的一些奇怪之处：适用于完美的机器和计算机程序的规则，并不同样适用于量子特性的粒子。

在理想情况下，给一个系统相同的输入条件，你会得到相同的输出，但对于像电子这样的量子特性的粒子来说就**不是**这样了。什么意思？意思是如果你以完全相同的方式戳一个量子粒子好几次，它的反应并不总是相同的。第一次它可能会反弹，另一次它可能会完全忽略你。

量子的变化无常

这怎么可能呢？嗯，电子仍然遵循物理定律，但它们是以一种特殊方式做到的。量子物理定律并没有具体说明单个电子会发生什么情况，它们只是指明了或多或少**可能**发生的事情。单个电子发生的**实际**情况是从这个概率列表中随机抽取的。换句话说，量子层次的物理定律不会告诉你未来将发生什么，它们会告诉你可能发生什么，以及概率有多大。

用同样的方法戳同一个电子好几次，你每次都会得到不同的结果。[1]如果你戳它的次数足够多，就能发现一种模式（例如，75%的时间它会反弹，另外25%的时间它会忽略你）。这种模式**就是**根据物理定律预测的。但在你戳它的任意一次里，电子的行为都**不是**由物理定律决定的，而完全由宇宙（而不是电子）随机选择。

1　一遍又一遍地做同样的事情并期待不同的结果，有时会被用来形容精神错乱。但这在量子领域是完全合理的！

　　如果这看起来很疯狂，那是因为它**确实**很疯狂。我们习惯于事物有明确的因果关系：我推椅子，椅子就会朝那个方向移动。但这只发生在宏观层面。在微观层面，事情确实是随机的。

　　这对我们的问题很重要，因为神经元是由量子特性的粒子组成的。事实上，你所知道的一切都是由量子粒子组成的，而量子粒子是不可预测的。

等等，什么?

　　此刻，你可能会有点困惑。我们刚刚告诉你，神经元是由量子粒子组成的，量子粒子是随机的（因此不可预测）。这是否意味着神经元也是不可预测的呢?

　　再说一次，不一定。

　　环顾四周，我们注意到并没有很多奇怪的量子效应。我们不会看到饼干从包装盒里随机消失，突然出现或者通过量子隧道效应进入你的胃里。饼干和其他大件东西似乎都遵循可预测的规则，那么为什么大的东西和小的东西会如此不同呢?

　　造成这种差异的原因有两个：A. 与你的饼干相比，量子粒子的随机性非常非常小；B.对我们世界上的大多数东西来讲，这种随机性平均为零。让我们逐一解释这些想法。

量子粒子的随机性很小

与饼干或神经元相比，量子粒子非常小。单个神经元由 10^{27} 个以上的粒子组成，因此单个粒子的量子涨落（无论它移动到这里还是那里）非常小，它们不太可能产生很大影响。如果你体内的一个细胞稍微向右移动了一点，你会感觉到吗？大概不会吧。

量子随机性趋于相互抵消

更有可能的是，神经元中所有粒子的量子涨落都会被相互抵消。如果神经元中有一个粒子向右做了一个奇怪的量子运动，那么它产生的效应很可能会被另一个向左移动的随机粒子纠正。换句话说，任何不可预测的微小量子摆动，都会被所有其他粒子的摆动所淹没。

这两种观点适用于任何比量子粒子大得多的事物。事实上，这就是物理学家花了很长时间才发现量子力学的原因：你只在非常小的东西上看到它。如果篮球和雨滴突然偏离轨道或表现出随机行为，我们就会更早地发现量子物理学。

但请记住，量子效应很小而且通常被相互抵消，并不意味着它们可以被完全忽视。像神经元这样大的东西，完全不受量子随机性的影响吗？事实上，我们不知道！我们可以想象，神经元在很大程度上对随机量子涨落产生的波动很敏感，而这些波动会影响神经元是否被激活。如果是这样的话，那么我们的大脑回路中就会存在随机性的因素，这意味着你永远无法真正预测到任何人想什么或做什么。

遗憾的是，我们现在没有任何证据表明神经元对量子随机性很敏感。一些著名的物理学家支持这一观点，但到目前为止，还没有任何实验表明神经元表现出真正的量子随机性。其他物理学家试图将量子随机性与意识和自由意志等哲学概念联系起来，但到目前为止，这些论点就像"尼日利亚王子"的电子邮件骗局一样没有什么说服力。

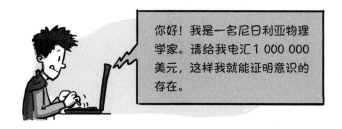

我们做对了吗？

总而言之，你的大脑**既是**混沌的**又是**量子的。但这在多大程度上意味着你是可预测的，还有待商榷。

如果大脑对量子力学效应很敏感，那么你的决定就存在随机因素，因此不可能预测。不是难预测，而是**不可能**预测。严格来讲，没有人知道你下一步要做什么。

即使你的大脑对量子力学效应不敏感，混沌理论也让任何人或任何东西几乎不可能预测你想什么和做什么。虽然原则上有可能完美模拟你的860亿个神经元和它们的100万亿个联结，但几乎可以肯定，在不久的将来这不会成为现实。

所以现在看来，你可以放心了，你的大脑不可预测（因此你也不可预测）。但这和控制你的决定是一回事吗？

"不可被预测"与"在掌控之下"并不完全是一回事。随机性与控制性不一样。如果你的大脑是**随机的**，那并不意味着是**你**在做任何决定，而意味着是宇宙在掷骰子决定你做什么。也许你的"你性"（you-ness）和其他人的是一样的：你（和我们）就是宇宙。

如果你对这个新时代结论翻白眼，那么我们完全可以预测你下一步会做什么：你将停止阅读这一章。

我预料到了。

宇宙从何而来?

当你抬头仰望雄伟的夜空，或惊叹于微观世界错综复杂的美丽时，不禁会问：这一切都是从哪里来的？宇宙为什么会存在？是什么或是谁对此负责呢？

很长一段时间以来，人们一直对宇宙惊叹不已，并猜测它的起源。当然，宇宙存在的时间比物理学或漫画长得多。宇宙起源这类问题很重要，因为它们可能会揭示我们人类存在的背景。我们想搞清楚自己是**如何**变成现在这样的，这个问题的答案会告诉我们自己**为什么**在这里，以及我们应该如何度过自己的时间。如果你知道宇宙从何而来，你的生活方式就可能会改变。

那么，关于这个所有问题中最大的问题，物理学到底能告诉我们什么呢？

最开始

在我们提问宇宙从何而来或如何形成之前，需要稍微回顾一下，我们应该问的第一个问题是：宇宙是诞生而来的，还是一直就存在的？

你可能会惊讶地发现，物理学在这个问题上有很多观点。不幸的是，很多观点的内容并不完全统一。事实上，我们关于宇宙的两大理论——量子力学和相对论，就这个话题为我们指了两个截然不同的方向。

宇宙诞生于……那边！

量子宇宙

量子力学告诉我们，宇宙遵循不同寻常的规则。根据该理论，粒子和能量遵循奇怪且不确定的方式。这可能会让人感到困惑，但幸好这不是量子力学中与当前问题相关的部分，因为量子力学实际上非常清楚地讲述了宇宙的过去和未来。

量子力学用量子态来描述事物。当你与量子物体相互作用时，量子态告诉你可能发生事情的概率。例如，它可以告诉你粒子位置的概率，你可能不知道一个粒子现在在哪里，但你能知道它可能在哪里。量子态很有趣，因为如果你知道一个量子物体今天的状态，你就可以用它来预测明天的状态。或者两周后，或者十亿年后。量子力学中最著名的方程——薛定谔方程，并不是讲猫和盒子的。它告诉你如何利用现在对宇宙的了解，并把这些了解映射到未来。这个方法也可以反向使用：你可以利用现在了解到的宇宙，它会告诉你过去的宇宙是什么样子的。

薛定谔的剑齿虎

根据这一理论，这种预测能力没有时间限制。量子信息不会消失，它只是被转换成新的量子态，这是一个基本原理。也就是说，如果你知道今天宇宙的量子态，就可以计算出它在**任何时间点**上的量子态。量子力学告诉我们，宇宙会永远在时间上向前和向后延伸。

这意味着一件非常简单的事情：宇宙一直存在，并将永远存在。如果我们对量子力学的理解是正确的，那么宇宙就没有开端。

相对论宇宙

爱因斯坦的相对论告诉我们一个完全不同的故事。量子力学的一个问题是，它通常假设空间是**静态**的，就像一个固定的背景，粒子和场可以悬于其中。但相对论告诉我们，这错得离谱。

根据相对论，空间是动态的，因为它可以弯曲、拉伸和压缩。我们可以看到空间在黑洞或太阳这样的大质量天体周围发生弯曲。爱因斯坦的理论也描述了整个宇宙是如何膨胀的。宇宙空间不只是平静的虚空，它的局部也会被重物扭曲，而且宇宙正在变得越来越大。

这是一个疯狂的想法，它最初来自相对论的数学推导，但现在我们有了实验证据。通过望远镜，我们可以看到星系每年以越来越快的速度远离我们，宇宙中的一切似乎都在变得更弥散、更冷，就像气体在膨胀时冷却一样。

对宇宙的起源来说，这意味着什么？如果你把时钟往回拨，我们的观测结果预测宇宙曾经更热、更致密。如果你回溯的时间足够久远，宇宙会到达一个特殊的点：奇点。

在这里，宇宙的密度非常大，以至于相对论的计算都有些疯狂。科学家们预测，宇宙此时变得极其致密，空间弯曲得极其厉害，以至于成为一个密度无限大的点。

这种相对论的观点告诉我们，宇宙在某种程度上确实有一个开始，或者至少时间上有一个特殊的时刻。我们周围看到的一切，包括所有的空间，都是从这一点开始的。不幸的是，相对论不能告诉我们当时发生了什么，但我们知道这一点与之后的任何一点都不同。这就像是一堵墙，一旦越过，相对论就无法解释了。

谁是对的？

所以，现代物理学的两个支柱告诉了我们有关宇宙起源的两个截然不同的可能。一方面，量子力学告诉我们宇宙是永恒的，它一直存在；另一方面，相对论告诉我们宇宙有一个起源：140亿年前出现的一个密度无限大的点。

我们知道量子力学不可能完全正确，因为它不能描述宇宙的某些东西，比如引力或空间的弯曲。但我们知道相对论也不可能完全正确，因为它在奇点处失效了，忽略了宇宙的量子本质。

很明显，要回答关于宇宙起源的问题，我们需要一个新的理论。它能够描述宇宙的早期时刻，并将量子力学和相对论的合理部分统一起来。一旦有了这个新的理论，我们也许就能够回答更大的问题，比如宇宙从哪里来，它又是如何形成的。

我只想从你们身上各取一些零件。

可能的理论是什么？

虽然我们还没有一个能统一量子力学和相对论的有效理论，但确实有很多不同的想法正在发展，从弦理论到圈量子引力论，再到名字更愚蠢的疯狂想法。（几何动力学，还有其他想法吗？）

这些想法通常分为以下三类：

（1）量子力学基本是正确的。

（2）相对论基本是正确的。

（3）它们两个都不正确。

让我们深入挖掘这些想法的可能性，看看它们对我们宇宙的起源有何看法。

量子力学基本是正确的

一种可能性是量子力学基本正确，宇宙一直存在，并将永远存在。当然，宇宙的量子概念最大的问题在于，它没有描述空间如何增长和变化，也没有描述140亿年前宇宙如何从一个极端炙热和致密的状态中产生的。

如果我们可以保留大部分量子物理学，并增加一个有关空间变化的量子解释，结果会怎么样呢？这或许可以提供我们正在寻找的答案。

量子开始宇宙化

为了做到这一点，一些物理学家试图描绘一幅不同的空间图景。我们习惯于将空间视为一种基本的东西：物体存在于其中，空间允许物体有一个位置并四处移动。据我们所知，空间不存在于任何其他事物之中。

但如果不是这样呢？如果有比空间更深、更根本的东西呢？如果空间实际上由更小的量子比特组成，这些量子比特有时可以被组织在一起，从而形成我们常见的空间的属性，又怎么样呢？

我们在物理学中经常看到这种现象，它被称为"涌现现象"（emergent phenomena）。例如，液态水、水蒸气和冰都是同一事物的涌现现象：水分子以及它们如何相互作用，取决于它们的温度和压力。同样，空间本身也可能由更基本的比特结合在一起，这些比特是宇宙的基本单位。

宇宙中的这些量子比特是什么？每种理论的解释不同，但以下是关于宇宙比特我们可以确定的：

（1）它们各自代表一个位置。每个位置可以有粒子和场，因此也可以有你和其他东西。

（2）它们没有按顺序排列。这些碎片并不是整齐地按行排列的。相反，它们以一种量子泡沫的形式存在。

（3）它们通过被称为"纠缠"的量子关系相互联系，其中一个的概率会影响另一个的概率。

这些理论表明，我们所说的宇宙实际上是这些量子比特以一种特殊方式相互连接的网。这些理论还表明，我们所认为的"空间"实际上只是网络中各个比特之间连接的强度。例如，量子比特的强纠缠是我们认为彼此靠近的位置。比特的弱纠缠是我们认为彼此相距很远的位置。通过这种方式，空间成为将所有这些比特连接在一起的结构。

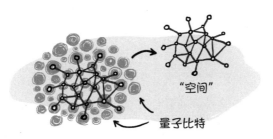

从量子的角度来看，这是说得通的，因为它反映了我们在宇宙中看到的景象。距离较近（纠缠程度较高）的事物很可能相互影响，而较远（纠缠程度较低）的事物相互影响的可能性较小。例如，如果一颗恒星在宇宙的另一边变成超新星，你可以耸耸肩，继续享受你的午餐；但是如果你附近的一颗恒星变成超新星，那么你的午餐就完蛋了（你也是）。

从相对论的角度来看，这也是有道理的，因为它允许空间的多变。它可以将空间的弯曲解释为重物附近量子比特之间关系（或纠缠）的暂时变化。这将解释我们的宇宙如何膨胀：新的量子比特正在与当前的量子比特网络纠缠在一起，从而有效地创造了更多的空间，这就是我们所看到的，宇宙正变得越来越大。

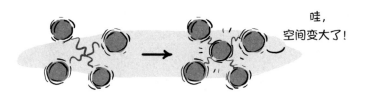

这个想法听起来可能很疯狂，但关于"宇宙从何而来？"这个问题，它给了我们一个明确的答案。根据这个想法，宇宙来自一个更大的多元宇宙，里面充满了这些量子比特，我们所说的"空间"实际上只是那些碰巧相互连接的一团量子比特。

这个想法还有一些有趣的含义。如果我们的宇宙在量子多元宇宙中是一团相连的比特，那么外面可能还有其他宇宙。我们的团块宇宙可能与其他团块宇宙共存，每个团块宇宙都有不同的量子比特连接方式。这也意味着可能有很多没有连接到任何特定宇宙的空间，这些泡沫中的一些量子比特可能不相连，或者以不连贯的方式连接在一起。换句话说，可能有很多非宇宙存在。

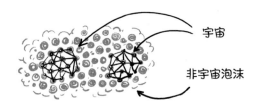

当然，这个观点虽然回答了**我们**的宇宙从哪里来的问题，但也提出了更多问题：这些量子比特是什么？**它们**又从哪里来？是什么原因使它们形成了我们的宇宙？而更大的多元宇宙又是从哪里来的呢？

相对论基本是正确的

另一种可能性是相对论基本正确，我们的单一宇宙实际上来自140亿年前发生的单一事件（"奇点"）。但是，这与量子力学中宇宙一直存在的观点如何保持一致呢？

相对论及其对奇点的预测还有另一个问题。根据量子力学，奇点是不可能存在的。量子力学中一个名为海森堡不确定性原理的核心概念提出，任何东西都不能被分解到如此小的尺寸。在量子力学中，任何东西都必须有一个最小的不确定性，而且当你把物质和能量挤压在一起的程度越强，这个效应会变得越强。如果整个宇宙都被塞在一个无限小的点里，这一想法又怎么可能行得通呢？

一些物理学家已经发现这些量子限制条件的一些漏洞，并对宇宙的相对论起源故事提出了一些修改。

首先，物理学家已经考虑到了模糊奇点（fuzzy singularity）的可能性。也许宇宙并不是作为一个点出现的，而是作为一个模糊的时空斑块出现的。换句话说，也许宇宙从一开始就是量子的。此举将避免描述一个具有无限密度的点这一烦人的数学问题，在这方面相对论也遇到了问题。

其次，物理学家可以通过调整"总是"这个词的含义，使相对论与量子力学的要求（宇宙总是存在的）相一致。相对论中奇点的概念困扰着很多人，因为它代表着时间的边界和边缘。在某种程度上，它告诉你时间结束了，超过这一点就没有时间了。但是，如果时间总是可以同时存在和结束呢？

宇宙的模糊肚脐

斯蒂芬·霍金和他的朋友们想出了一个做到这点的办法。如果时间本身就是在那个模糊的奇点中被创造出来的呢？他们称之为"无边界方案"（no-boundary proposal），这个想法把时间看作环形的而非直线的。在这种情况下，谈论模糊奇点之前的时间是没有意义的，因为时间并不存在。根据这一理论，时间在那个模糊奇点内旋转而成，并从虚构变为真实。霍金用一个简单的类比来解释这一点：这就像问北极以北是什么。模糊奇点就像时间的北极，问它之前发生了什么是没有意义的。

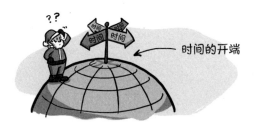

以上这些告诉我们，如果相对论正确，那么宇宙就没有任何起源。这意味着宇宙在某种程度上从它自身而来。时间和空间同时开始，思考之前发生了什么是没有意义的。根据相对论，宇宙产生于其自身。

两个都不对

最后一种可能性是，量子力学和相对论都不正确。也许宇宙并不总是存在的（正如量子力学所要求的那样），它也从来没有"开始"过（正如相对论所暗示的那样）。

在物理课上，你有时会得到一个不合情理的答案，那是因为你问错了问题。例如，当你问"宇宙从哪里来"的时候，你已经假设宇宙一定来自某个地方。同时这个问题还假设了另一种可能性的存在，好像在某些条件下宇宙可能本不**存在**一样。

但如果宇宙就是这样呢？如果宇宙**必须如此**，而另一种选择，即宇宙不存在，并不是一个真正有效的选择，那会怎样呢？

这可能听起来像是古怪的哲学语义学研究，但实际上，有一个非常数学化的论点支持它。事实上，是最数学化的论点：如果宇宙本身就是数学性的呢？

在物理学中，我们用数学描述宇宙法则，这是物理学的语言。但是，如果数学不仅仅是用来数星星或解决物理问题的有效方法呢？如果数学不**描述**宇宙，而是它本身**就是**宇宙呢？

在这个观点中，宇宙是一个数学表达式，是逻辑和概率的一个原始概念。它的存在方式与数字2的存在方式相同，与等式"3+7=10"的存在方式也一样。从来没有人问过"为什么会有数字2"或者"数字2是从哪里来的"，它……就是这个样子的。同样，一些物理学家和哲学家说，宇宙之所以存在，**是因为**它在数学上有效。所有描述我们宇宙的物理定律都是有意义的，因此宇宙就如此存在。

事实上，这些物理学家设想，**所有**在数学上有意义的物理定律都必定真实且存在。例如，可能会有一组物理定律，其中引力增强三倍，或者存在第五种自然基本力。如果方程式成立，并且定律没有任何逻辑上的矛盾，那么根据这些物理学家的说法，那个宇宙肯定是存在的。就和所有的数字或所有的逻辑方程（如"1+1=2"）存在一样，任何自洽的宇宙公式也必定存在。如果一套潜在的物理定律不起作用，那么拥有这些定律的宇宙肯定也会衰亡，或者永远不会产生。

这是真的吗？可能是吧。许多物理学家对此持怀疑态度，因为目前似乎有很多不同的方法可以为宇宙建立一套数学规则。例如，一种可能的量子引力理论——弦理论有 10^{500} 种变形，所有这些变形都与我们的宇宙一致。

但可能只是因为我们的理论尚未完成。也许一旦我们完成了对自然规律的理解，我们就会发现一个唯一有效的理论，它告诉我们只有一个可能的数学宇宙存在。在这种情况下，我们的宇宙不仅必定存在，也将是唯一存在的方式。

怎么会有东西从无到有呢？

如果你读到这一章，希望我们能回答这个关于宇宙的基本问题，那么你并不是唯一这样想的人。遗憾的是，这些理论中的大多数似乎告诉我们，宇宙不是从任何东西来的。这些理论告诉我们，也许宇宙一直存在，或者**必须**存在，或者宇宙从何而来这个问题可能没有意义。

这可能反映了物理学家更倾向于回避这个问题。毕竟如果你能证明宇宙是从什么东西来的，那么你就得问：那东西又是从哪里来的？这个循环永远不会结束。

但回避这个问题有点令人沮丧，因为它违背了我们对宇宙的一个根深蒂固的先入之见：万物都有起源。

从我们接受的早期教育以及日常经验中，我们了解到在这个宇宙中没有什么是凭空出现的。我们被教导相信能量总是守恒的，事物不会神秘地从无到有，总会存在某些原因，并且我们人类的大脑已经进化到能够去寻找这些原因的程度。

但实际上，我们在过去的几年里了解到，连这个基本的想法也不一定是正确的。当我们望向宇宙时，我们看到空间正在积极膨胀，新的空间一直在被创造。这个新的空间不是空的，它充满了非零的真空能量。有了它，新的粒子就可以突然出现，给我们的宇宙带来新的能量和物质。

这意味着两件事。第一，宇宙还在被产生（换句话说，它还没有完成从某一地方的"产生"）。第二，能量有可能自发出现，就在我们说话的时候，它正在我们周围发生。

所以，"宇宙从哪里来？"也许不是我们能问的最好问题。宇宙是存在的，也许它存在的原因就是让我们惊叹并从中学习。

也许我们真正应该问的问题是："我们要用宇宙做些什么？"

时间会停止吗?

最终,生活中的一切似乎都要走到尽头。

懒洋洋的夏日午后、装着秘密的饼干盒子……连严酷的冬季风暴和破碎的心也不会永恒。时间嘀嗒嘀嗒地向前走,欢乐和痛苦都会不可避免地消逝,成为过去,为现在腾出空间。唯有一样东西似乎永远不会结束,那就是时间本身。

知道时间是否有一天会结束,或者至少知道时间是否能够被停止,将是一件好事。这会帮助你规划生活,或者能让你偶尔按下暂停按钮,品味某个特别快乐或有意义的时刻。

但是时间可以被停止吗?它是终有一天会结束,还是会永远走向无限的未来?时间总有一天……会用完吗?

时间能终结吗？

遗憾的是，关于时间，我们还有很多不知道的事情。在物理学中，我们知道它连接着宇宙的不同状态。例如，如果你在地球上把一个球直接扔到空中，我们就知道一段时间后它会回到它一开始所在的地方。这就是物理学的全部内容：描述宇宙如何随着时间的推移而前进。物理定律告诉我们，相对于时间，什么是允许发生的，什么是禁止发生的。

但时间能结束或停止吗？答案可能取决于我们所说的"时间停止"的含义。让我们来研究一些可能性。

这是否意味着"不再有定律"？

时间能够对宇宙可能存在的所有不同状态进行排序，并将它们连接起来。因此，当时间停止时，也许所有的定律都会被抛之脑后。由于物理定律以时间为基础，并规定了随着时间的推移应该发生什么，也许时间的终结仅仅意味着**秩序**的消亡。因果关系可能不再有任何意义，宇宙将处于一种完全混乱的状态。秩序的消亡并不是我们喜欢思考的事情。

这是否意味着"不再变化"？

或者，也许时间的终结仅仅意味着宇宙不会再发生改变。如果改变宇宙的就是时间，那么当时间停止时，宇宙可能会……冻结。无论一切处于什么状态（球在空中飞过、闪电从云层中划过、恒星坍塌成黑洞，等等），这种状态都会固定下来，甚至可能是永远的。如果时间停止了，会不会只是停一小会儿，然后再重新开始？这就需要一些外部时钟来计算冻结的时间（稍后将详细介绍）。如果时间冻结，那么也许**所有**时钟都冻结了，宇宙可能永远不会恢复。

这是否意味着"终结"？

很难想象宇宙脱离时间而存在。相对论告诉我们，时间与空间的关系非常密切，我们最好将它们视为"时空"的组合概念。也许这意味着它们是紧密相连的，甚至是同一件事的一部分。甚至宇宙的存在可能**根本**就与时间本身的存在有关，没有时间就没有宇宙。这意味着，时间终结的唯一方式也是整个宇宙终结的唯一方式。

所有这些可能性都指向了一个关于时间和宇宙更根本的问题：没有时间的宇宙能存在吗？换句话说，可以没有时间吗？

为了回答这个问题，让我们回顾一下我们对时间的了解。

我们对时间的了解

在物理学中，时间作为一个主题实际上并没有被很好地理解。在我们关于宇宙是如何运作的理论中，时间的存在根深蒂固，因此在宇宙是否能在没有时间的情况下存在这个问题上，几乎没有科学家取得任何进展。想想看：任何测试时间的实验基本上都需要时间。你必须在某一事件之前和之后比较你的实验，如果没有时间，"之前"和"之后"这两个词就没有意义。设计这个实验甚至都需要时间！

但随着时间的推移（不是开玩笑），物理学家们已经获得了一些关于时间性质以及它与宇宙之间关系的重要线索。具体地说，我们了解到以下几点：

(a) 时间曾经有（某种意义上的）开端。

(b) 时间是相对的。

(c) 可能并没有时间。

让我们逐一深入研究这些线索。

时间曾经有（某种意义上的）开端

直到最近，大多数科学家还认为宇宙是无限古老、静止的。这意味着，宇宙一直以它现在的方式存在。由此推断，它也将永远以同样的方式存在。我们眺望的夜空似乎没有什么动静。星星的位置随着季节的变化而略有变化，但它们似乎不会年复一年地改变，也不会发生百年更替。宇宙一直是这样的，星星在天空中一动不动地悬挂着，这似乎是自然的想法。

但当天文学家更仔细地观察时，他们有了一些令人震惊的发现。利用能够测量遥远恒星距离的技术，他们惊讶地发现曾被认为是气体云的一些模糊团块实际上是整个星系。这些星系似乎遥不可及。更令人惊讶的是，这些星系发出的光在改变颜色，意味着这些星系正在远离我们。宇宙似乎比天文学家想象的大得多，而且正急剧变大。

突然之间，我们明白了宇宙并不是由固定在太空中的恒星组成的静态全景图，它在成长和变化。更多的发现表明，它正变得越来越冷，密度也越来越小。

这让人类对宇宙及其历史有了全新的看法。因为如果宇宙正在膨胀和冷却，那么它过去是什么样子呢？如果我们将时间倒流，就可以想象出更致密、更灸热的年轻宇宙。但我们不能让时间永远倒流。

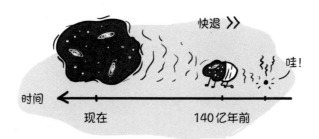

在某一时刻，这张宇宙的倒退图像变得非常小和灸热，直至它碰壁——一个密度无限大的点，这个点被称为"奇点"。这个奇点就是我们对宇宙过去的预测，所有关于宇宙的理论在这一点上都失效了。即使是告诉我们空间如何围绕物质弯曲的广义相对论，也不能描述曲率变成无穷大的奇点。我们不知道在这样极端的条件下时间和空间会发生什么，但奇点可能代表着我们宇宙时间线的后端。

　　事实上，一些试图将广义相对论和量子力学融合在一起的理论表明，奇点可能不仅仅是时间上的一个特殊时刻。他们认为空间和时间非常紧密地交织在一起，你甚至可以把这一刻看作**时间本身的真正开始**。换句话说，这是时间的开端。

　　如果时间有开始，它也会有终结吗?

开始　　　　　　　　　　结束?

时间是相对的

　　我们也知道时间有很多奇怪的性质，尤其是它在每个地方的流动速度都不一样。在宇宙中的某些地方，时间比其他地方走得更快。这很难让人相信，但物理学告诉我们，宇宙中没有中央时钟以保持时间同步。相反，太空中的每个点都有自己的时钟，它走得多快或多慢取决于你走的速度以及你与大质量物体（比如黑洞）的距离。如果有人在你身边疾驰而过，你会发现他们的时间比你的慢。如果他们靠近黑洞，而你离黑洞很远，你也会看到他们的时间比你的慢。

　　有一种普遍的误解：这意味着时间对你来说变慢了，就好像你会感觉时间过得更慢一样。但你不会。如果你正从某人身边疾驰而过，或者靠近一个大质量物体，别人会看到你的时钟走得很慢，但你总能感觉到时间在正常运转。

　　这一切都是关于你在哪里，你相对于时钟移动的速度有多快。如果你在宇宙飞船上带着时钟，你并没有相对于时钟移动。如果你在黑洞附近，时钟也和你在一起。在这两种情况下，时钟似乎都会正常运行。但如果你把某人留在地球上，**他们**会看到你的时钟走得慢，因为他们不在你身边。

这是否意味着时间可以停止或结束？不一定。

在一半光速的情况下，宇宙飞船上的时间似乎要慢15%左右；在90%光速的情况下，飞船上的时间流逝速度仅是正常时间的50%；而在99.5%光速的情况下，飞船上的时间则是正常时间流逝速度的10%。当地球上已经过去了10个小时时，宇宙飞船上的时钟似乎只过了1个小时。但是，虽然我们可以通过加快飞船的速度使飞船上的时钟按我们想要的速度减慢前进，但时间实际上永远不会停止。要使飞船上时钟的时间停止，飞船必须以光速飞行，这对任何有质量的东西来说都是不可能的。[1]

同样，对于从远处观察你的人来说，当你接近一个黑洞时，你飞船上的时钟似乎会运行得慢一些。正如我们在《如果我被吸进黑洞怎么办？》一章中讨论的那样，对远处的观察者而言，你会开始看起来像以超慢动作移动；当到达黑洞边缘时，你实际上看起来几乎完全被冻结在时间里了（时间停止了），等待着黑洞增大并吞噬你，但从你的角度来看，时间在正常流动，你将无缝进入黑洞旅程。

所以，你不能通过把自己绑在火箭上以极快的速度行进或者进入一个黑洞来停止或结束时间。但是，如果你需要一些额外的时间来做物理作业，只需要说服你的老师跳上宇宙飞船，这样她的时钟就会比你的慢，然后你就有足够时间慢慢写作业了。

---

1 当然，这让你想知道：光子是如何体验时间的？它以光速在宇宙中飞行，看到的一切都相对于它在运动，那么宇宙中所有的时钟看起来都像在时间中冻结了。

可能并没有时间

　　时间对于我们的经验来说太过基本，很难想象一个没有时间的宇宙。但这并不意味着时间是宇宙的核心部分，这只是意味着我们的思维可能过于狭隘或主观。科学发现的历史提醒我们要检查先入为主的观念，因为我们有限的经验并不总是具有普遍性。

　　在流动的河流中生活了一辈子的鱼无法想象不流动的水，但我们知道水可以不流动。水流动的概念不是这个宇宙深层且必要的组成部分，而是在特定情况下发生的事情。换句话说，不流动的水可以存在。

　　一些物理学家认为，同样的事情也可能发生在时间上。时间可能不是一种基本的永久固定物，而是一种特殊情况，就像河流的流动一样。要让这个理论成立，你还需要其他东西——我们称之为"元时间"（meta-time），常规的时间就是从元时间中产生的。这个元时间可以像时间一样流动，也可以……不流动。当这个元时间流动时，我们感受到了时间的效应；当它不流动时，我们感觉时间结束了。

　　一些我们认为绝对和必要的基本规则，比如因果关系和时间只向前移动，可能只是这种元时间流的特例。也许这个元时间可以做其他事情，比如形成漩涡或瀑布的形状，让我们看到时间循环运动。或者它可以打破因果关系，可以让你在晚餐之前就吃甜点。

当然，这并不意味着**没有**规则，或者什么都可以发生。这个元时间仍然必须与我们的时间概念有一些相似之处，否则时间根本不可能流动。它仍然必须遵守一些规则，如果是这样，那么这些规则可能会规定一种情况，即我们所经历的时间可以停止。

这意味着（我们所知的）时间并不是**必定**存在，或许还存在一个宇宙，在那里并没有我们熟悉的时间。

没有任何证据表明我们的现实真的如此，但这也并**不完全**是猜测。我们知道，我们对时空的理解在140亿年前就失效了，当时那个非常炙热和致密的宇宙给我们留下了一个考虑创造性想法的机会。

时间将如何结束？

此刻，我们已经远远超出了物理学的舒适区，进入了一个我们必须开始猜测的区域。但这就是科学的运作方式。关于宇宙如何运转的新想法通常不会一下子作为完整的数学概念诞生。相反，它们是一步步发展起来的，几年、几十年甚至几个世纪过去，这些碎片逐渐融合在一起。我们有时会探索未知的路径，直到形成一幅能真正通过实验检验的连贯图景。这就像建造一座纸牌房子，不是自下而上，而是把每一张牌举在半空中，直到将其他牌组装在它周围。

到目前为止，我们所了解的情况表明时间有以下几种结束方式。

大挤压

时间结束的一种可能方式是它诞生时的镜像。我们认为，时间可能始于宇宙炙热而致密，且空间在大爆炸中被不可思议地压缩的时候。如果宇宙以某种方式在反向大爆炸中返回到之前的那种状态呢？那么时间会结束吗？

大爆炸　　　很尴尬的少年时代　　　大挤压

事实上，这有可能。我们知道，宇宙在最初的瞬间迅速膨胀，并在此后的数十亿年里继续变得更大。这种膨胀加速了，所以星系每年都在以更快的速度远离我们，但是我们不知道是什么东西导致了这种加速。我们称这种东西为"暗能量"，但一个听起来很酷的名字并不能真正告诉我们发生了什么。由于我们不知道是什么正在使宇宙膨胀，所以我们几乎没有办法预测它未来会做什么。例如，加速可能停止，然后发生逆转。它不仅不会加快其他星系飞离我们的速度，反而会减缓速度，最终使其他星系停下并掉头。这种力量不会将空间拉伸成越来越大的宇宙，反而可能会压缩宇宙空间，将这些旋转的星系推向一场被称为"大挤压"的大规模宇宙碰撞。

如果宇宙中所有的物质和能量再次被压缩到一个很小的空间，会发生什么呢？事实是，没有人知道。这就和大爆炸一样，对我们来说也是一个谜。但这并不能妨碍我们享受思考这件事的乐趣！

有可能时间将与宇宙的其余部分一起终结。这不一定是突然的终结，它可能是弯曲的终结，与北的方向在北极结束相同。时间将在这一点上结束，之后再也没有时间存在了。

也有可能即使宇宙中所有的物质和能量都被压缩成一个奇点，空间和时间也继续存在。因果关系和我们宇宙的规则将继续有效，但如果没有我们熟悉的粒子或作用力，一切都会变得奇怪和陌生。在这种情况下，即使宇宙面目全非，时间也不会终结。

或者，也有可能奇点创造了另一个大爆炸，一个完全不同的宇宙出现了。这个新的宇宙仍然可以通过一条时间线与我们的宇宙相连，这意味着时间不会结束，它只是重新开始了。如果是这样，那么这条时间线将在时间上连接无限个向前和向后的宇宙。

热死

时间结束的另一种方式是纯粹的无聊。要理解这一点，我们首先需要思考为什么时间在前进。似乎有什么东西在转动宇宙内部时钟上的曲柄，而且只朝一个方向转。

这是困惑物理学家们已久的问题，甚至在物理学家出现之前就是如此。[1]让他们感到奇怪的是，时间有两个方向，但它只朝一个方向运转。物理学家们认为，一定有某种东西让时间前进而不是倒退，就像时间被束缚在一个更深的引擎上一样。

1　物理学家通常不喜欢考虑过去——前物理学家时代。

时间的大仓鼠

一些物理学家认为他们已经找到了这个引擎，宇宙确实有一种内置的方向标记——熵。

人们很容易误解熵，并将其与一般的混乱或无序混淆，但事实并非如此。一个物体排列内部粒子的方式越多，我们就说这个物体有更多的熵。例如，如果你要求一堆物质聚集在一个角落中，那么与让粒子散布到它们想去的任何位置相比，排列这些粒子的方式更少。温度也是如此：如果一团物质必须在热的地方和冷的地方，那么排列它们的方法就比在均温情况下要少，在均温情况下，任何地方都可以有粒子。

熵的一个有趣之处在于，它会随着时间的推移稳步上升。最初，我们宇宙的熵很低，被压缩成一个非常有组织、致密的状态。自此，宇宙就一直在膨胀，熵也在增加。

但是熵的另一个吸引人的地方，是它也有一个边界：一种**最大可能熵**的状态。当一切都冷却并完全均匀地扩散时，熵已经触及它的上限，不能再高了。更重要的是，它也不能再低了。就像沙漏中的所有沙子一旦都掉到底部，就不能再往上流了，宇宙也就停滞不前了。

这对时间意味着什么？这种状态被亲切地称为"宇宙热寂"，这意味着宇宙不再可能做任何有用的事情。你想做的大多数事情（产生行星、给手机充电、跑一圈）都需要能量流动，这只有在能量不平衡或集中的地方（比如你的手机电池）才有可能。如果所有失衡都被消除了，一切都达到了最大熵，那么你就不能做任何有用的事情了。能量不能流动，就像处在完美水平面和静止水坑里

的水一样。你走到了宇宙的尽头，但是没有什么地方（或东西）给你的手机充电。

一些物理学家研究了时间和熵之间的关系，并认为**因为熵增加了**，时间才向前流动。热力学第二定律说，熵和时间总是同时增加的。这些物理学家认为，如果熵达到最大值，那么时间本身也会停止！

当然，这似乎是一个巨大的飞跃，因为：（a）我们不知道熵是否真的推动时间前进；（b）最大熵并不意味着宇宙停止运动。即使在最大熵的情况下，粒子仍然可以飞来飞去。唯一的限制是，它们不能**增加**（或减少）整体熵。也许宇宙继续处于这种最大熵状态，但时间还是一直在流动。

不过，这肯定会给人一种时间末日的**感觉**。在最大熵的情况下，宇宙会像平淡的水坑一样，任何有趣的事情都不可能再发生。因此，虽然这可能不是时间终结的时刻，但肯定是乐趣终结的时刻。

但是妈妈，我没什么可做的了！

在时间尽头为人父母

谁知道呢？

如果时间不是宇宙的基本属性，而只是在"元时间"的某些特殊条件下发生的事情（就像河流的流动），那么这些特殊条件也就有可能终结时间。

也许我们会在元时间里到达河流的尽头，导致（我们所知的）时间解体，这样它就不再向前走了，宇宙就可以在没有时间的状态下存在，就像一条不流动的河流（或湖泊）。这种新的状态将与我们所经历或想象的任何事情都截然不同，没有时间和空间，物理学中的事件就不会有因果关系，宇宙将只以一团不相连的量子随机性泡沫的形式存在。

要理解这一点，我们需要知道量子力学和空间是如何一起发挥作用的，这是自爱因斯坦以来物理学家一直在寻找却徒劳无功的理论。这意味着我们甚至无法理解它如何起作用，或者是什么可能导致所有这些条件发生改变。据我们所知，这可能发生在明天，也可能发生在后天，只有对这个元时间的流动有外部视角的人才会知道。

但这种时间的终结也可能是暂时的。就像一个湖泊随后流入另一条不同的河流，元时间仍然可以演化，并将复杂的时间线拉到一起，让时间再次流动。

有趣的是，如果时间停止又重新开始，我们可能甚至都不会注意到。我们通过有规律地向前的物理过程来测量时间：嘀嗒作响的时钟、沙漏落下的沙子、电子原子在状态之间的跃迁，等等。因此，如果时间消失或停止，那么这些时钟也会停止。这也包括你，因为你是一个物质存在。由于你的想法和经历只有在时间前进的时候才会发生，所以你无法判断时间的流动何时停止或减慢，就像一部暂停的电影中的角色一样，你不知道自己被冻结了多少次，或者冻结了多久。

我们时代的终结

是时候承认这个真相了：我们并不真正理解时间。不知为何，就像我们头脑中的奥秘一样，活在时间里并不一定能让我们洞察到时间是如何运作的。

我们确实有一些初步的想法。也许时间是永恒的，宇宙的时钟将永远向前走，进入无限的未来。时间也可能不是宇宙结构的基础，而是一种可能不会永远持续的特殊安排。或者，时间是宇宙的基础，时间终结的唯一方式就是让宇宙不复存在。

现在，时间似乎过得很顺利。但谁知道呢，也许像大挤压或热寂这样的特殊情况会揭示一些新的东西。

我们可能会一直对此感到疑惑，直到时间的尽头。

来世有可能存在吗?

令人悲伤,每个人都会死。

我们都被这个名为"人类生命"的终极状态所困,这意味着我们的身体不会永远存在。最终,身体将停止工作,我们的物质自我将让位于熵和腐烂。但是,生物生命的终结也是你的终结吗?

我猜被流星砸中
是一个很酷的离世方式。

这可能是最深刻、最古老的问题:我们死后会发生什么?这是一个让人充满情感共鸣的问题,也是大多数宗教和文化的核心。关于来世的各种想法确实令人印象深刻,有时甚至有点疯狂。例如,我们都要去一棵巨大太空树上的巨大宴会厅?别扯了,北欧神话。

通常,这是科学家留给哲学家和宗教学者的话题。但是,自从几千年前我们开始思考这个问题以来,我们已经了解了很多关于宇宙运转的知识。根据我们对宇宙规律的了解,可能存在来世吗?

你是物理学家?
这边请吧。

天堂的物理学

关于死后的生活可能是什么样子，人们有很多想法。在大多数宗教中，这都与你生活在一些全新的、非地球的环境中相关。这种新环境的样子完全取决于宗教：有时你会在云团当中，被有翅膀的天使和竖琴独奏会所围绕（或者相反，在充满干草叉和火的黑暗地下世界里）；有时意味着你在太阳下骑马，或者一边与武神喝着啤酒，一边唱着无穷无尽的歌。在大多数情况下，这种来世是永恒的，因此每个人都有点担心，一旦到了那里会有什么样的住宿条件。

而且在大多数情况下，你在来世差不多仍然是你。你的个性、意识和记忆都会以某种方式存活了下来，使你有可能在这个永恒存在的新阶段体验和意识到自我。

从科学上来讲，这是有可能的吗？你会不会以某种方式被传送到另一个地方，在那里你可以继续以你的身份存在，但穿着古罗马托加袍或额外舒适的拖鞋？让我们简单地看一下，考虑一下来世是如何实现的。从科学上来讲，以下三个关键要素似乎为来世下了个传统的定义：

（1）存在一个比你的肉体活得更久的你。

（2）这个你被抓获并被转移到另一个地方。

（3）你存在于另一个地方，仍然能够永远地体验事物。

让我们逐一思考以上这些要素，看看这些想法是否有与我们所知的物理宇宙相兼容的版本。

我有一些疑问……

一个超越你的你

大多数宗教认为，你的某一部分可以在肉体死亡后继续存在。要想从科学上理解这一切是否有意义，第一步就是弄清楚我们真正想要保留的是你的哪一部分。例如，继续寄居在自己死去的身体上，像僵尸一样摇摇晃晃地走来走去，让以前的所有朋友感到恶心，但我们大多数人对此并不感兴趣。

那么，如果我们愿意放弃肉体，我们想保留的是什么呢？到底是什么让你成为**你**？

这是科学可以真正深入研究的问题。物理学作用于物理领域（废话），因此它假定一切事物都遵循物理定律。据我们所知，让你成为**你**的仅仅是……你的粒子。更具体地说，是粒子的**排列**。

这很像你！

你看，事实表明我们在世界上看到的所有事物都是由相同构件组成的。我们接触的所有物质都是由两种夸克（一种"上"的和一种"下"的）和电子组成的，就是这样。这两种夸克可以以不同的方式结合在一起，形成中子（一个上夸克＋两个下夸克）和质子（两个上夸克＋一个下夸克），然后它们与电子以不同的比例结合，形成周期表中的每一种元素。利用这些元素，你可以得到从骆驼、小船到微生物的一切东西。

换句话说，除了这些元素和粒子的排列组合方式，你和这个世界上的任何其他东西（或人）没有什么不同。一千克你的颗粒含量与一千克火山岩、冰激凌或大象的粒子含量几乎相同。如果你要写一本关于在这个星球上制造任何东西的食谱，每个食谱都会有相同的配料表：比例为3：1的夸克和电子。

一本物理学菜谱

任何在厨房里失败过的人都知道，菜谱不仅仅是一份配料清单。如果你以错误的方式混合原材料，就会得到连狗都不想吃的东西。就你而言，区别熔岩、冰激凌和虫子的关键是粒子的**排列方式**，而不是粒子本身。

事实上，构成你身体的具体粒子甚至没有什么特别之处。从物理学观点来看，所有的电子都一样。如果你把你身体内的夸克或电子换成一套新的，并把它们放回原来的位置，什么都不会改变。

这意味着，你只是这些粒子如何排列的**信息**，这也意味着即使你的身体死了，你也**可以**活下来。你要做的就是以某种方式复制这些信息，并将其保存在其他地方。

嗨，我是你。

把你送到另一个地方

在大多数来世场景中，第二步是你（无论是什么让你成为**你**）以某种方式被转移到另一个地方或位置。从物理学角度来看，这意味着你的信息以某种方式被复制或转移到另一个地方。但这引发了几个重要问题：

◎ 如何读取或获取这些信息？

◎ 你的信息是都被复制了，还是只复制了一部分？

◎ 哪个版本的你可以继续活下去？

第一个问题："如何读取或获取这些信息？"这实际上更多的是一个过程性的问题。任何将你带到来世的机制，只要它还在我们这个因果宇宙中，就必须基于某种物理原理。到目前为止，我们确实有核磁共振或CT扫描这类能扫描身体的技术，也有可以探测单个原子的技术。这两项技术每天都在进步。不难想象，很快就会有一种程序可以扫描你的身体，精确到原子或粒子级别。

但从物理学的角度来看，你会遇到两个问题。首先，任何扫描都需要给你的身体注入能量。要检测个别粒子，你需要以某种方式看到它们，这通常意味着用光子或其他粒子撞击它们。最重要的是，宇宙不允许你无偿地复制量子信息。这就是量子力学的一个核心原理，叫"不可克隆定理"（no-cloning theorem），即在复制量子信息的过程中，不破坏原状态就不能复制。到目前为止，我们还没有看到有证据表明人们正在接受身体扫描，或者在人们死后他们的粒子遭到过量子水平的破坏。

我们也不确定能不能在量子水平上复制你所有的粒子。扫描人体的所有量子态不是什么容易的事，因为一个人有10^{28}个粒子，整个人类文明的计算机总内存（目前约为10^{21}字节）在这个数字面前也相形见绌。今天，我们使用现存的所有计算机，也许可以存储你的一个脚指甲中所包含的信息。

当然，也有可能任何正在执行你来世之旅的人都可以轻松获取这一信息。也许我们的宇宙就像在另一个宇宙中运行的模拟程序，在这种情况下，你的信息只是存储在某个硬盘上的信息，随时可以被读取和复制。

第二个问题："你的所有信息都被复制了吗，还是只复制了一部分？"这是一个更具哲理性的问题。例如，来世真的需要你身体里的**所有**信息吗？知道你的脚指甲中的每个夸克在你死的那一刻都在做什么，这真的很重要吗？

或者来世会不会只需要你的部分信息？如果是，需要哪部分信息呢？

我们知道，你所有粒子的排列方式使你独一无二，但思考一下这种排列方式的作用可能是有用的。你的粒子排列方式定义了一台生物机器，一套在细胞层面上具有机械过程的机器，它从外界获取信息，并通过特定的行为做出反应。你的脚趾甚至四肢中量子粒子的排列方式是必要的吗？那你的肠子呢？你在来世还需要你的直觉吗？

可能你来世真正需要的不是身体里的每一个粒子的排列方式，而仅仅是你这个生物机器的**设计**。也许活下来的并不是你所有细胞的量子信息，而是这些细胞之间连接方式的信息，以及它们在你的大脑电路中存储的信息。那肯定可以帮助你节省硬盘空间。

你可以想象进一步压缩你的"**你性**"信息，忽略越来越多的细节，比如压缩成一张你自己的模糊 JPEG 图像。不过，这样的**你**还会是原来的你吗？或者这只是一种简化过程，类似你的"**本质**"？

嘻，至少你不是那种卡通 GIF 动图。

最后一个问题："哪个版本的你会继续活下去？"这更像是一个时机问题。我们的身体和思想在一生中会发生很大变化。随着年龄的增长，我们的意识经验和知识更加丰富，但我们的身体和心智能力会在某个时候达到峰值并开始下降。去往来世的是哪个版本的你？换句话说，复制和粘贴是在什么时候进行的？

如果它发生在你死亡的那一刻，你可能就要抱怨一些事情了。如果那一刻发生的时候，你不是处于最佳状态，那该怎么办？或者，如果发生在你身上的事情导致了你的死亡，而你不愿带着这些事情到永生去，那该怎么办？谁来选择，如何选择？

或者，也许为了来世而捕获你的过程发生在一条曲线上。也许被复制的是你的平均值，或者是让你的JPEG图像独一无二的东西的总和。如果我们只是信息，那么科学里就有很多诀窍，可以用来压缩、平均，或找出这些信息中最重要的特征。

永远存在于另外一个地方

来世谜题的最后一点是，你的自我要以某种方式永远活在另一个地方。在一些关于来世的想法中，这个地方在云中（或地下）。在另一些情况下，它只作为一个独立的领域存在，与我们存在的平面分离。

这个想法听起来很奇幻，但多重宇宙的概念是物理学正在积极考虑的。这种说法是否可信，在很大程度上取决于来世所在的位置。

我们的宇宙实际上很可能是一个更大"元宇宙"的子集，物理学家们构思这个设想是为了解释我们宇宙的起源。物理学在理解我们的宇宙规则方面取得了一些进展，但在我们的宇宙为什么存在这个问题上，并没有取得太大进展。一种观念是，也许我们的宇宙只是一个更深、更大宇宙（元宇宙）中的一个气泡，我们的时空只是特殊条件下产生的一个偶然事件，它本身并不是根本的。

在这种情况下，前往来世意味着我们的信息会以某种方式被扫描并复制到那个外部宇宙。

另一种可能性是来世在一个平行宇宙中。物理学中的"多重宇宙"的观点认为，也许我们的宇宙并不是唯一的宇宙，在别的地方可能还存在其他时空区域。在某些理论中，其他这些宇宙是我们宇宙的另一个版本，可能是通过量子决策或不同的初始条件，甚至是不同的物理定律分裂出来的。如果真是这样的话，我们的宇宙**可能**会存在一个更理想或更像世外桃源的版本。与此同时，我们的宇宙也可能会存在更糟糕的版本，那里充满了火焰和愤怒，就像地狱。不知何故，我们的信息必须找到一种方法才能到达其他宇宙，而物理学家目前认为这不可能做到。

不管是什么情况，想到其他宇宙的规则可能与我们的宇宙完全不同都很有趣。为了在那个宇宙中生存，你必须对你的"**你性**"信息做出什么调整？时间和因果关系会以同样的方式生效吗？你的信息会保存在什么样的容器或机器（生物的或非生物的）上？毕竟，如果来世是永恒的，你也希望能够在新宇宙家园里思考、改变和体验事物。你想要死后的**生活**，而不是永远呆坐在那里。这意味着多元宇宙必须能够运行你的"软件"，无论是通过量子物体的不同状态，还是通过其他我们还无法想象的东西。你可以把它看作将人类程序移植到一种新型的外星计算机上。

地球上的天堂

最后一种可能性是，也许我们的宇宙**就是**多元宇宙。来世有可能就存在于我们的宇宙之中，而不是在它之外或旁边。

例如，也许一些邻近的外来物种已经为我们创造了一个瓦尔哈拉神殿[1]，并准备好了扫描仪，在我们死后将我们复制到神殿里去。或者更有趣一点，我们可以**亲自**为自己建立来世。

这是怎么回事呢？嗯，我们可以开发出与想象中的某种天国力量同样的技术，用这种技术把我们带走。

例如，我们可以开发一种扫描整个身体的技术，精确到分子或粒子层面（或者至少是人体本质层面）；我们也可以开发生物工程或3D打印技术，为自己建造新的身体。这两种技术可以用来创造我们更年轻或更健康的新副本，它们可以被送到不同的地方生存。也许我们可以把它们安置在一个更理想或更糟糕的地方，这取决于你为什么要创造来世。

当然，我们距离拥有这项技术还很遥远，正如之前提到的，还有一些棘手的量子力学问题需要考虑。在这种情况下，完全没有肉体可能会更容易！

你可以利用你只是信息的这个事实生活在一个**模拟**的来世中，而非试图重建你的身体。

1　译者注：北欧神话中的天堂。

所有使你成为**你**的本质信息，都可以被上传到一台电脑中，然后电脑会模拟运行你的数字自我。你的数字副本将存在于此环境中，甚至会在其中成长和变化。既然一切都是虚构的，这个来世就可以为你量身定做。你想每天早餐吃50个圣代冰激凌吗？没问题！你想实现活在20世纪80年代的幻想，还是想和《黑镜》里的乔恩·哈姆（Jon Hamm）[1]待在一起？在数字世界里，一切皆有可能。

这个世界是永恒的吗？嗯，只要电脑接通电源，它就会一直存在。有趣的是，你可以将模拟中的时间速率设置为自己喜欢的任何速度。根据电脑处理器的速度，当电脑技术人员喝杯咖啡时，你可以在数字来世中度过一百万次生命。

我们目前的计算机还不够强大，还不足以存储你所有的信息或完美地模拟世界，但它们正在迅速改进，似乎在不久的将来，它们将能够成功制作一个相当惬意的来世。

正在加载彩虹……

在时间中荡漾

如你所见，天堂不是开玩笑的。要实现来世，需要建立整个宇宙，弄清楚如何对无数量子粒子进行远程且自发的扫描，并找到移动所有信息而不让人注意到的方法。虽然我们不能从技术上排除这一可能性，但从物理学的角度来看，

1　编者注：好莱坞男星，在电视剧《黑镜》中饰演一名数字克隆体训练员。

这似乎是一项艰巨的任务。

归根结底，物理学所能做的就是观察我们周围的世界，并从我们可以测试和观察到的东西中得出结论。到目前为止，我们对宇宙的看法是它遵循严格的规则。无论我们的头脑多么希望事情不是这样的，也似乎没有例外。据我们所知，没有证据表明，一旦我们死了，除了熵会发生变化以外还会发生其他事情。

这是否意味着物理学否定了存在于我们宇宙中的来世？当我们死的时候，我们就永远消失了吗？

不完全是。

根据量子力学理论，量子信息在这个宇宙中不会被摧毁。这意味着，当你的身体死亡时，组成它的粒子可能会分开和弥散，但它们的量子信息不会消失。这些量子信息可能会被吸收或转化到其他粒子中，但它永远不会消失。它将保持在宇宙的量子态中，就像一个印记或线索。从技术上讲，在遥远的未来，有人可以检查这个印记，并重建你以及你做的事。这就是量子力学的力量。

这个想法也可以延伸到你的行动。你采取的每一项行动都会引起与其他粒子的相互作用，并以一种独特的方式改变它们的量子态，原则上这种方式就是存储这种相互作用的信息。确切地说，我们的行动会随着时间而波动，但永远不会消失，它们始终存在于宇宙的量子历史中。

就这样，通过我们在周围事物上留下的微弱但不可磨灭的印记，每一个曾经活过的人都仍与我们同在。总有一天，你也会死去，你会成为宇宙记录的一部分。有一句古老的谚语说，"我们活在认识我们的人的心中"。根据量子力学，这不仅是事实，还是一个数学事实。

宇宙记得的东西

我们生活在计算机模拟中吗?

这是真的吗?说真的?

这是人们在经历一些美好(或不那么美好)的事情时,甚至有时在读到最近的新闻时经常问自己的一个问题。我们生活的世界看起来可能太离谱或令人难以置信,以至于我们很难相信它真的存在。

话又说回来,也许不是!

几千年来一直存在的一个观点是,我们生活的宇宙,我们用所有感官体验的宇宙,实际可能并不是真实的。古代宗教经常说我们的世界只是一种幻觉,苏格拉底甚至怀疑我们是否能分辨出其中的区别。更近一点,基努·里维斯在《黑客帝国》中用一个词总结了这一切:"哇。"

我们从小到大都认为自己看到和感觉到的就是真实存在的,宇宙中充满了各种物质,它们四处移动、相互碰撞,形成我们用感官感知的景象和声音。这当然感觉真实。但是感觉真实和真实并不一定是一回事。例如,梦境发生时会让人感觉真实,但这并不意味着你真的被一块建筑物大小的饼干沿着街道追赶。

令人惊讶的是,我们的宇宙是否真实这个问题是现代物理学已经开始怀疑的问题。难道我们的世界不是真的在发生吗?有没有可能,我们所经历的仅仅是在一台功能强大的巨型计算机上精心制作的宇宙模拟?最重要的是,我们怎么知道呢?

为什么要考虑这个？

世界不是真实的，我们实际上生活在模拟环境中，这个想法可能会听起来很疯狂。我们混乱的、极具细节的世界怎么可能是由计算机产生的呢？即使是苍蝇在客厅嗡嗡乱飞这样简单的事情，也蕴含着丰富的细节：从它那狂暴地拍打着数十亿个空气分子的小翅膀，到每一个小眼面[1]都映出你面孔的闪亮眼睛。计算机能模拟这一切吗？

事实上，是的。计算机图形已经逼真得令人难以置信。比较一下朴素的《玩具总动员》和它的最新续集（《玩具总动员4》？），你就会开始理解这些年间计算机技术的巨大飞跃。与早期版本的块状多边形相比，虚拟现实和视频游戏也变得非常复杂。最新的体育类游戏非常有说服力：如果不仔细观察，很难判断是模拟的比赛还是现场实况的真实镜头。庆祝、受挫和发脾气都在那里发生！考虑到计算机技术进步的速度，不难想象，有一天你可能很难甚至无法区分虚拟现实和现实之间的区别。

---

1 编者注：组成复眼表面的若干小型单位。

众所周知，有些人甚至认为我们很可能生活在一个模拟环境中。当我们看到技术进步时，会开始想象一个未来：每个人都会在他们的家用电脑上运行模拟的宇宙。有些人甚至认为，在这些模拟中，可能会有模拟的人在其中运行**更多**的模拟。（模拟中的模拟！）如果你继续下去，很快就会有比真实宇宙多得多的模拟运行，这让你想知道"我们生活在一个真实的宇宙中，而不是生活在无数个模拟的宇宙中"的可能性有多大。从统计学上讲，你必须把你的钱押在"我们生活在一个电子游戏中"这个想法上。

从哲学上讲，还有另一个理由促使我们怀疑自己可能生活在模拟中：我们的宇宙似乎像模拟一样运行。

你看，我们的宇宙与我们用来构建虚拟游戏和虚拟世界的计算机程序有很多共同之处：它似乎遵循规则。

物理学的全部工作就是揭示宇宙的规律，而宇宙似乎确实遵循规律。从量子力学到广义相对论，我们似乎离发现宇宙的源码越来越近了。但一个经常被忽视的问题是：为什么宇宙总是遵循规则？为什么它始终如一，如此规律呢？

物理定律似乎在任何地方、任何时间都以完全相同的方式起作用。它让你想起了一种……计算机程序。就像一款软件一样，我们生活的宇宙似乎在嗡嗡作响，盲目地应用一套由编程大师设定的指令。

我们的宇宙与你所期望的模拟宇宙的运行方式有大量惊人的相似之处，对证明事实可能就是如此来说，这是一个相当有力的论据。

然而，这有可能吗？

要真正模拟整个宇宙，需要做些什么呢？

很明显，程序员最近正取得令人惊叹的成就，但这并不意味着现在构建一个虚拟宇宙很容易。从简单描述单一地点的一只苍蝇到描述一切，是一个巨大的飞跃。这感觉是一项不可能完成的任务，因为"一切"指很多事情。苍蝇和草的叶片中有很多细节，而且有一大堆苍蝇和无数草的叶片。这只是发生在这个星球上的事!

为了弄清楚这需要做些什么，让我们来描绘一幅模拟宇宙可能如何运作的图景。在我们看来，有三种基本方式可以实现。

缸中之脑

在一个场景中，一台计算机正在运行模拟程序，并将信息反馈给真正的人脑。大脑通过感官的感知来构建它对世界的概念，但这些信号不是由真实身体中的任何感官产生的，而是由计算机模拟产生的。计算机内部是一个与大脑交互的整个假宇宙的模型，当大脑发出像"向前走"这样的信息时，计算机就会模拟向前移动的动作，并计算出周围世界将如何改变，以及给大脑输入什么新的信息。

缸中之外星大脑

在一个稍显怪异的场景中，一台计算机可能正在运行外星人大脑的模拟程序，然后假装大脑实际上是人类的。模拟中的外星人可能会认为它们的大脑是一团果冻，里面装满了数十亿个相互发射信号的神经元，但这个大脑实际上可能是任何东西。它们实际的大脑可以大得多，也可以小得多，或者工作原理完全不同，比如可能是一个巨大的液压泵网络或者微型量子计算机，或者更疯狂的东西。

你是一个软件程序

请准备好接受最深层次的变化。如果我们根本没有真正的大脑呢？如果模拟中的所有大脑**也都是模拟**的呢？在这种情况下，所有活着的和有意识的头脑都是更大计划的一部分。在过去的几十年里，人工智能取得了巨大的进步，我们现在有能力制造出能够模仿大脑的学习、记忆和解决问题功能的计算机系统。这些人工大脑发展得越来越复杂，它们完成了人类自信地认为人工智能永远做不到的事情：击败人类国际象棋世界冠军、驾驶汽车、识别人脸、保持现实的对话。创造一个有虚拟的智能生物跑来跑去的虚拟世界并不难想象。

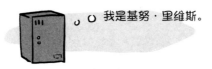

我是基努·里维斯。

当然，无论你创造什么样的模拟宇宙，你仍然需要一台巨大的计算机来让它工作。要模拟一个宇宙，必须从初始设置开始：所有对象在哪里，以及它们移动的速度有多快。然后我们应用宇宙定律：这些物体在最初时刻会发生什么？它们是相互反弹、互相穿过，还是加速、减速或左转？每个对象的状态都会根据规则更新，时间会向前移动一步。然后重复这个过程，看看会发生什么。

如果有很多对象，这可能会占用大量的计算能力。例如，每个对象都需要计算机的一些内存来跟踪它在哪里以及在做什么。现在想象一下整个宇宙需要多少内存，处理所有这些数据需要多少处理能力。你必须以同样令人难以置信的细节水平模拟宇宙中的每一个粒子和行星。这不是不可能的吗？

也许真的可能。为了令人信服，模拟宇宙只需要让那些经历模拟的生物觉得真实就行了。下面的一些方法，可以使需要的计算能力比你想象中更少。

捷径 #1

你可以采取的第一条捷径，是让你的模拟宇宙成为真实宇宙的简单版本。例如，你可以使用比真实宇宙更少的维度构建它，或者使用更简单的规则，或者更多的像素化。一个更简单的模拟宇宙，并不意味着它对生活在其中的模拟生物来说不真实。也许与真实的宇宙相比，我们的宇宙可能非常简单，但我们不知道有什么不同，所以我们对这个宇宙提供的现实主义感到满意。我们可以像《超级马里奥》游戏中那些有感情的角色一样，认为这个宇宙就是和自己感受到的一样复杂。

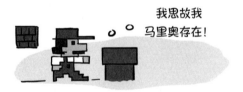

捷径#2

你还可以通过不进行实时模拟来节省算力。没有规则规定，模拟必须按照它之外的实际速率运行。例如，你可以使模拟运行得更慢，这样模拟的一年在真实宇宙中要花一千年时间，然后你的计算机就会有足够时间来呈现你所需要的细节，让里面的生物相信模拟宇宙是真实的。他们不会知道有什么区别，因为这是他们唯一知道的时间速率。你甚至可以暂停模拟，先不管它，等第二天再重新启动，而模拟中的任何东西都不会注意到。举个例子，当你暂停视频游戏去洗手间时，游戏中的角色会注意到吗？不，因为他们在游戏中。

捷径#3

让宇宙模拟成为可能的第三种方法是巧妙地编程。你真的需要模拟宇宙中**所有**的单个粒子才能骗过它的居民，让他们认为模拟是真实的吗？我们编写模拟程序时使用的一个常见技巧，是只在需要时才放大。例如，当工程师模拟交通模式时，他们使用汽车作为构建块，而不是每辆车的粒子；当气象学家模拟飓风时，他们是从云或水滴开始的，而不是从质子开始。

同样，你也可以为宇宙编写大块的模拟程序，类似一个粗略的版本，只在需要的时候才进入粒子级别的细节层次。只有当模拟中的人建造了足够强大的望远镜观察遥远的行星时，你才需要模拟遥远的行星，也只有当令人讨厌的模拟粒子物理学家建造对撞机来研究单个粒子时，你才需要模拟单个粒子。

你能看出来吗？

所有这些都意味着，我们（或者至少是你）[1] 完全有可能生活在模拟中。技术趋势表明这是一种可能性，哲学告诉我们模拟宇宙和真实宇宙对我们来说一样有效。这是否意味着我们被困在这个未知的边缘？有没有办法区分真宇宙和假宇宙呢？

这取决于计算机编程的好坏。如果它运行得很完美，那么从定义上讲，可能无法将它与现实区分开来。这个模拟宇宙之外的真实宇宙可能更复杂，而且那里有可能建造一台足够强大的计算机来模拟我们经历的每一个细节。在这种情况下，我们可能永远也分不清其中的区别。

但是，如果现实世界中的计算机编程与我们宇宙中的编程有**什么**相似之处，那么在某些地方**总会**有一个bug。这是我们弄清楚我们的宇宙是不是一个模拟宇宙的最好机会：找到一个小故障。

---

1 毕竟，我们有可能并不真实。

故障会是什么样子？这取决于模拟是如何编程的，因此使预测这个故障变得非常困难。但我们可以猜猜！

可能是因为模拟程序的计算能力有限。例如，它可能很难模拟遥远太空中发生的事情。当构建大型复杂对象的模拟时，我们倾向于通过将它们分割成较小的部分来简化它们。单独模拟每个部分，然后将结果缝合在一起更可行。因此，我们宇宙的一个虚假版本可能会将每个星系都模拟成独立的物体，这样一个星系内发生的事情就与另一个星系内发生的事情无关。这就像走了捷径并希望事情没有什么不同，因为两个星系中的生物不太可能相互作用。

但以上假设仅在仙女座上发生的事情只留在仙女座上时才奏效。如果仙女座星系中有什么东西可以真正影响我们银河系发生的事情，我们可以利用它来寻找小故障。例如，如果仙女座中心的超大质量黑洞正在向我们发射我们在大气层中可以探测到的粒子，会怎么样呢？这将直接连接两个星系，而模拟可能不会正确理解这一点。例如，粒子到达这里的轨迹可能存在不规则性，或者它们的能量可能不一致。这类事情可能会告诉我们，这个宇宙有些不对劲。[1]

另一种可能性，是宇宙模拟的分辨率可能有限制。就像老式x86电脑只能在黑绿相间的视频监视器上渲染块状、像素化的图像一样，有可能存在一个假

---

1 事实上，物理学家确实看到高能粒子撞击我们的大气层，这是任何天体物理源都无法解释的。

宇宙可以模拟的最小分辨率。如果我们深入研究空间和物质，并发现宇宙的像素化程度无法用物理定律来解释，这可能是我们正处于模拟中的一个迹象。

最后一种可能性是，我们所处的模拟可能构建不佳。在我们这个宇宙的编程中，这种情况无时无刻不在发生。无论程序员多么好心或谨慎，我们所做的模拟似乎总会在某一时刻出现故障。也许我们宇宙的程序员没有考虑到一些情况，或者存在他们没有预测到的漏洞。当我们越来越多地了解我们的宇宙时，同样的事情可能会发生。例如，关于现实的本质，我们有两种相互竞争的理论（量子力学和广义相对论）。这两种理论并不经常相互影响，因此它们似乎仍然各自发挥作用，但在某些情况下，它们完全相互矛盾。一种情况就是黑洞内部，一种理论预测了奇点；而另一种理论预测了一团不确定性。这可能是因为，无论是谁制作了我们的模拟宇宙，他都没有从头到尾考虑到规则，他在建造宇宙的时候要么草率，要么懒惰（或者仓促）。发现其中的不一致可能会告诉我们，这个现实有一些不太对劲的地方。

为什么要建造它？

关于这一整个"模拟宇宙"的疯狂概念，最大的问题当然是"为什么？"

为什么有人（或有东西）会这样做呢？不厌其烦地创造一个完整的虚假宇宙，并用相连的大脑或有知觉的人造生物填充它？他们是为了开采我们的能量，还是出于某种奇怪的目的奴役我们？

我们的宇宙可能是某种实验。也许有人建造我们的宇宙是为了试图回答一个科学问题（比如"香蕉在多少个宇宙中进化"）或者可能是一个心理学问题（"在这些宇宙中，有多少人聪明到可以吃香蕉"）。或者我们是某种类型宇宙的实验，还有无数其他的宇宙模拟，其中的物理定律是不同的，甚至现实的性质也是不同的（超级马里奥世界可能在下一个宇宙中是完全真实的）。

或者，他们这样做也许只是为了好玩。如果我们只是他们宇宙中的一个鱼缸，或者是他们孩子的玩具呢？或者更糟，如果我们是他们超级复杂笔记本电脑的屏幕保护程序呢？谁知道聪明到能够建造一个像我们宇宙一样复杂的模拟程序的人或东西，会从中发现什么乐趣呢？

总而言之，情况可能是我们都生活在一个模拟的宇宙中。这个模拟宇宙像一台巨大的机器一样运行，由我们必然遵守却还没有完全理解的规则所支配，我们也可能永远不会知道这个现实的真正本质。如果这听起来有点可怕，那么请考虑以下问题：这与我们在真实的宇宙中有什么不同吗？

也许真正的错觉是，模拟宇宙和真实宇宙有区别。从实际的角度来看，这真的会影响你的体验或你的自我感觉吗？不管是模拟的还是非模拟的，也许我们都应该为存在感到快乐；无论我们是否找到了答案，都甘愿探索关于我们存在的所有规则。如果这一切正在发生（即使是在模拟中），你的这些行为不就让这个世界变得真实了吗？

为什么 $E=mc^2$？

如果有一个大多数人都知道的物理方程，它很可能是 $E=mc^2$。

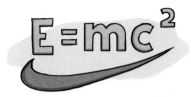

这是物理学中最著名的方程，可能是因为它很容易记住。它的造型简洁典雅，几乎就像耐克的"Swoosh"对勾标志一样。与其他看起来更像埃及象形文字[1]的物理公式相比，这个公式绝对具有品牌吸引力。它是爱因斯坦提出来的，这一点当然没什么坏处，自20世纪以来，爱因斯坦的才华（和著名的发型）一直是流行文化的一部分。

但是，物理公式不仅仅是数学，它们应该描述关于物质宇宙的某些东西，这也是 $E=mc^2$ 深入人心的另一个原因。E 代表能量，m 代表质量，c 代表真空中的光速，即 299 792 458 米／秒。用一个简单、容易记住的公式把它们都放在一起，意味着它们之间有深刻的联系。

很接近了……

1　例如，薛定谔方程的一个版本看起来是这样的：$ih\frac{\partial}{\partial t}\Psi(\mathbf{r},t)=\left[\frac{-\hbar^2}{2\mu}\nabla^2+V(\mathbf{r},t)\right]\Psi(\mathbf{r},t)$。

但这到底意味着什么呢？质量、能量和光实际上如何相互联系呢？关于我们自己和宇宙的本质，这种关系说明了什么？

我认识你吗？

质量和能量

对我们大多数人来说，质量是构成我们的物质。

如果某物有质量，通常意味着它很重、很坚固。我们倾向于认为质量较小的物体更轻、更空灵，或几乎不存在。

这是我们在很小的时候就在直觉中形成的东西，也是牛顿运动定律捕捉到的东西。几个世纪以来，$F=ma$ 一直是世界上最重要的物理方程。在这个公式中，F 是施加在物体上的力，m 是物体的质量，a 是加速度，也就是物体开始移动的速度。如果物体质量很大，那么就需要一个非常大的 F 才能使物体移动。如果 m 很小，那么轻轻一推就足以让它动了。

啊！

对我们来说，质量是对某物**实质**的衡量。质量越大的东西越真实、坚固，比如山和行星。

另一层面，我们倾向于认为能量是完全不同的东西。我们把能量与热、光、火或运动联系起来。能量看起来像是可以流动或传播的短暂事物，它赋予你做事和烧毁东西的能力。就像一个神奇的量，你可以在需要的时候储存和释放它。

在很长一段时间里，这种关于质量和能量的直觉非常符合牛顿定律和我们对宇宙的基本理解。质量和能量是两码事，尽管它们很明显可以相互作用。

例如，如果你给某种东西增加能量，比如一杯水，你可以考虑加速杯子中的小水分子，但不改变水的质量。毕竟，增加热量并没有改变 H_2O 分子的数量，只是让它们摆动得更快。至少，我们是这么想的。

嘘！我在研究物理！

在19世纪80年代末，物理学家开始提出一些令人讨厌的问题，比如"质量到底从何而来"，以及"质量到底是什么"。起初，他们观察的是刚刚被发现的电子。物理学家注意到，当带电粒子（如电子）运动时，它会产生磁场。然后这个磁场会给粒子一个反作用力，使粒子很难移动得更快。这种作用就像电子有某种难以推动的质量一样，物理学家就此产生第一个想法：质量和能量（在这种情况下就是磁场的能量）可能不仅仅是两个不同的东西。

然后，爱因斯坦提出了一个巧妙的论点，解决了这场辩论。

当时，爱因斯坦全神贯注于**相对论**，即研究物理定律如何应用于相对运动的物体。当时人们都知道，没有什么东西可以比光速更快，而且无论你移动得多快，这个速度限制都是有效的。即使你真的移动得很快，也仍然会看到光以光速运动。当你考虑到站在地球上的人和在火箭飞船上飞驰的人看起来是什么样子时，这个基本的限制就会产生一些非常奇怪的效果。

例如，爱因斯坦考虑了太空中一块岩石放热的情况。这些热量将以红外光子的形式从岩石上散发出来。如果你正飘浮在岩石旁边的太空中，你可能不会注意到任何奇怪的东西。你会看到光子从岩石上脱落，测量出光子有一定的能量（就像所有的光子一样）。

　　但是，如果你乘坐一艘飞驰的飞船经过地球，你会看到一些不同的东西。爱因斯坦用相对论公式计算出，你会看到光子以不同的光频率离开岩石。这种效应被称为相对论多普勒效应，它类似于警车靠近或远离你时警笛的声音不同。然而，在这种情况下，由于相对论规则（因为你看不到光子比光速更快或更慢），这种变化有点奇怪。实际效果是，你在宇宙飞船里测量的光子能量与你飘浮在岩石旁边时的能量不同。但由于它们是相同的光子，所以一定有别的东西发生了变化。

　　根据爱因斯坦的说法，岩石的动能也发生了变化。但动能来自物体的质量和速度，而且由于岩石发出光子时的速度不变，爱因斯坦的结论是它的质量肯定发生了变化。事实上，他发现如果你把岩石的质量乘以光速的平方，它的质量变化的幅度就相当于光子的能量。换句话说，他发现了以下内容：

$$光子能量 = 岩石质量变化 \times 光速^2$$

　　这意味着当光子离开岩石时，它实际上改变了岩石的质量。这种质量变化（如果将其乘以光速的平方）与光子发射的能量相同。看起来岩石的一小部分质量被转化为能量，然后能量以光子的形式爆炸（记住，光子没有任何质量，它们是纯能量）。

至少可以说，这是一个相当具有开创性的结果。它抛弃了几千年来人类的直觉——质量和能量是完全不同的东西。相反，爱因斯坦的方程式说这两个东西相互关联，你可以用某种方式将其中一个转换成另一个，就像你走进货币兑换处，用美元兑换欧元一样。

此时你可能会想：这是什么意思？像质量这样有实体的东西究竟如何才能和纯能量互相转换？

最初，你可能会认为有几个岩石原子不知何故解体了，变成了这些光子。这将是减少整个岩石质量的一种方式。但实际上，这根本不是事实。在光子产生前后，岩石的原子数量不变，但不知何故，岩石的质量却减少了。

这对我们来说非常奇怪，因为我们不习惯于物体质量的变化。如果你桌上有一个金属砝码，你可不想这个砝码因为打开或关闭空调而变轻或变重。一磅糖就是一磅糖，不管你是否把它放在冰箱里，对吗？

要了解到底发生了什么，我们必须更深入地研究某物拥有质量意味着什么。特别值得一提的是，有两条重要的线索可以帮助我们把这个谜团拼在一起。

你的大部分组成部分都不是物质

你可能认为自己是由坚实的"实物"组成的。毕竟，你吃什么就是什么，而你吃的都是实物，不是闪电或阳光。你用手指戳一戳手臂，感觉很结实。

但实际上，如果你仔细观察并放大构成你的部分，你会发现真的没有什么东西。观察你身体中任何特定的一个原子，你会发现大部分是空的。原子的全部质量几乎都在原子核中，因为质子和中子的重量都是电子的2 000倍。正如我们在《来世有可能存在吗？》那一章所讲，更有趣的是，当我们打开一个质子或中子时，我们看到它们实际上是由"上"和"下"两种夸克组成的：两个上夸克和一个下夸克组成质子，两个下夸克和一个上夸克组成中子。

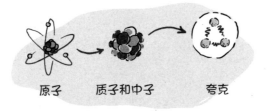

原子　　　质子和中子　　　夸克

所以实际上，你身体的大部分质量都在这些夸克中，但真正有趣的是你分离这些夸克时发生的事情。

如果你同时测量三个夸克的质量（例如在质子中），你会发现它们的质量大约是938 MeV/c²（1 MeV/c²大约是1.7×10^{-30}千克）。

但是如果你打开质子，分离出三个夸克，你会发现每个上夸克只有大约2 MeV/c²的质量，而下夸克只有4.8 MeV/c²的质量。

夸克本身几乎没有任何质量！它们的重量都不到质子质量的1%。

然而，当你把夸克放在一起时，它们的质量不知何故就增加了100倍。这就像把3块乐高积木放在一起，然后突然发现它们有300块乐高积木那么重。到底怎么回事？这些质量是从哪里来的？

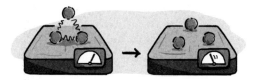

答案令人惊讶：质量来自将夸克捆绑在一起的能量。

你看，我们已经了解到一个令人惊讶的事实：能量类似于质量。如果在某一处有一点儿能量，比如说被困在两个粒子之间的键中，那么这一点儿能量就很难被推拉，就像质量很难被推拉一样。如果你把这两个粒子分开，让能量消散，那么粒子就更容易移动。换句话说，能量本身就有惯性。

不仅如此，能量还能感觉到重力。任何一丝被捕捉的能量都会弯曲空间，并被其他物体吸引，就像有质量的物体一样。

因此就质子而言，它的质量是三个夸克各自质量的总和，再加上将它们结合在一起的键的能量（对于夸克来说，将它们结合在一起的是强大的核力）。

不仅是质子，自然界中的一切事物都是如此。比方说，美洲驼的质量等于它的所有粒子的质量，加上让所有粒子保持在一起所需的能量（包括分子之间的常规化学键）。如果你把美洲驼一分为二（对不起，美洲驼），这两块美洲驼的质量之和将小于原始美洲驼的质量。

我们怎么才能算出与损失质量等值的能量是多少呢？你猜对了：我们使用 $E=mc^2$。

$E=mc^2$ 的部分含义：质量等于能量。事实证明，我们认为是质量的大部分（大约99%）实际上只是能量。

另外1%

那我们剩下的1%呢？那还是些**实物**，对吧？实际不太是。

在过去的100年里，我们也学到了很多关于基本粒子质量性质的知识。我们已经尽可能地仔细观察了，到目前为止，夸克和电子这样的粒子不像是由更小的碎片组成的。这告诉我们，它们的质量不是来自将较小的碎片聚集在一起的能量。那么它们的质量从何而来呢？

19世纪80年代的最初想法实际上是正确的。由于电子产生的磁场，电子更难移动。但还有另一个场也在向它们发起反击：希格斯场（Higgs Field）。这个量子场充满宇宙，对所有物质粒子都产生拉力，使它们更难移动。这就是每个粒子的质量来源，是每个粒子与希格斯场的相互作用。但这只是部分解释。

完整的解释是，质量来自希格斯场的**能量**。一些粒子与储存在希格斯场中的能量发生了很强的相互作用，这使粒子更难移动。一些粒子的相互作用较弱，这使它们更容易移动。换句话说，每个粒子的质量实际上就是它与希格斯场能量联系的强度。

我们可以更进一步。根据量子理论，夸克和电子本身只不过是弥漫宇宙的量子场中能量的小涟漪。粒子只是能量的爆发，就像叫声是空气中的涟漪，或海浪是水中的涟漪一样。换句话说，粒子本身甚至也只是能量！

一个重量级结论

一个物体的大部分质量是将该物体结合在一起的键的能量，甚至每个粒子的质量实际上也只是能量，这两条线索都让我们得出一个令人震惊的结论：我们所认为的"质量"并不真正存在。这一切都只是能量而已。

这就是太空中的岩石在辐射光子时能够失去质量的原因。它不会失去质量，因为它将物质转化为能量。所有物质都已经是能量了，岩石只是将能量从一种形式转化为另一种形式。在这种情况下，它将分子运动或振动中的能量转化为光子。

所以当你想到太空中的岩石时，不要认为它有质量**和**能量，只要把它想象成一大团聚集的能量就行了。一些能量存在于粒子中，一些存在于粒子之间的键中，还有一些存在于粒子的运动中，但全都只是一个能量池。

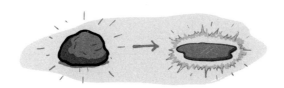

相反的情况也可能发生：如果岩石吸收了一缕阳光并升温，它就会增加能量。更多能量意味着岩石将更难移动，由于重力，它的重量也会更大。这意味着热岩石**确实**比冷岩石更大。当然，差别很小：记住，要计算等效的质量变化，你必须用光子的能量除以光速的平方，这是一个很大的数字。

这就是 $E=mc^2$ 揭示的：质量等于能量。如今，物理学家说质量是能量的一种**形式**，这是因为还有其他形式的能量，例如光子可以有能量，但没有质量。

就这么做

这个著名的公式确实告诉我们质量和能量之间有很深的联系。但并不是说质量是可以转化为能量的东西。我们学到的是，所有的质量都是能量。质量是一个物体粒子的能量，或者是粒子之间键的能量，或者是它们与希格斯场相互作用的能量。

能量有惯性或有重量的想法让人感觉奇怪和违反直觉，但这只是因为几百年来我们一直以错误的方式思考质量。世界上没有所谓的"物质"，只有能量及其对空间形状（重力）和物体运动方式（惯性）的影响。这就是爱因斯坦的两段相对论"探戈"的两面。

从根本上说，这改变了我们看待宇宙的方式。我们不再认为宇宙充满了物质和能量。整个宇宙就是能量，包括我们在内。实际上，我们是由能量组成的发光生物。

只是别指望你的眼睛里随时都能发射出激光。

宇宙的中心在哪里?

任何事物的中心都是一个重要的地方。

例如，你所在城市的中心是一个地标，很多重要的事情或决定会发生在这里，比如最好的面包店会在这里选址。城市的中心通常也是最古老的地方，第一块面包就是在这里烘焙的，第一座房子就是在这里建造的。

老面包店

在非常大的范围内，对于太空中的许多东西来说，情况也是如此。我们的太阳系有一个中心：太阳！太阳是从创造我们的气体和尘埃云中第一个形成的东西，现在它仍然是密度最大的地方。它也是最好的光源和能源，绝对是太阳系中最繁忙的地方：太阳的光永远不会熄灭。甚至我们的银河系也有一个中心——一个相当于数百万颗恒星质量的超大质量黑洞，它的引力有助于将一切保持在适当的位置。

但中心也很重要，因为它们给你一种位置感，有助于你的定位，并为你提示你相对于其他一切事物所处的位置。如果不知道这一点，你可能会感到有点茫然或迷失，就像出海时没有指南针或者被困在宜家门店里。

那么整个宇宙呢? 它有没有一个中心，一切都是从那里开始的，所有重要的宇宙事物都是在那里发生的? 如果有，我们离这个中心有多远? 我们是生活在中心附近，还是生活在广义上那种荒无人烟的地方?

　　让我们环顾四周，看看能不能找到**所有东西**的中心。谁知道呢，当我们到达那里时，说不定会发现一些动静。

我们能看到什么？

　　你通常可以通过看地图找到城市的中心。不幸的是，我们没有整个宇宙的地图，因为我们无法看到宇宙的全部。这不是因为有什么东西挡住了我们的视线，也不是因为宇宙太大了，而是因为光速太慢了。

　　虽然与竞争激烈的宜家购物者和飞机相比，光是相当快的，但它并不是无限快的。穿越无数里程，从太空给我们带来宇宙远处的图像需要时间。而且很可惜，宇宙还太年轻，我们无法看到它的全部。物理学家认为宇宙始于140亿年前，这限制了我们能看到的光子。如果某个东西太远，以至于它的光线需要超过140亿年才能到达我们身边，那么我们就看不到它了。这意味着，我们能看到的最远的东西就是宇宙刚诞生时向我们方向发出的光。除此之外，任何更远的地方都没有足够时间让光线到达这里，尽管它已经在路上了。

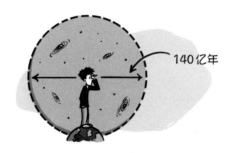

我们能看到的这部分空间就是所谓的"可观测宇宙"。由于光在各个方向上以相同的速度传播，所以这个体积是一个以你为中心的球体（或者更准确地说，以你的眼球为中心）。

可以肯定的是，可观测宇宙是巨大的。因为宇宙在膨胀，所以它实际上在各个方向上都大于140亿光年。140亿年后的今天，那些发出的光线到达地球的物体实际上离我们更远了，因为空间变得更大了。空间的这种扩张将我们的视野扩展到465亿光年左右，使可观测宇宙的直径达到930亿光年。如果我们在寻找可观测宇宙的中心，答案很简单：那就是你。我们每个人都处在我们自己可观测宇宙的中心，因为我们都在略有不同的位置接收光子。

事实上，每个人的可观测宇宙每年都在增长。这不仅因为空间仍在膨胀，而且因为随着时间的推移，越来越多的光子能够到达我们身边，让我们看到越来越远的东西。

当然，可观测宇宙与实际宇宙不是一回事，我们有限的视野并不一定能告诉我们宇宙是否有中心。可观测宇宙与实际宇宙的大小可能几乎相同，在这种情况下，我们可能很快就会开始了解宇宙中心在哪里。或者，宇宙也可能比我们所能看到的大得多，我们的视觉小气泡消失在一个令人悲伤的角落，错过了所有的乐趣。

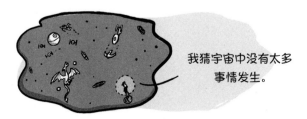

我猜宇宙中没有太多
事情发生。

来自宇宙结构的提示

尽管从技术上来讲，我们可以看到可观测宇宙的边缘，但我们才刚刚开始环顾四周，弄清楚附近有什么。直到最近，我们才能建造出足够强大的望远镜来近距离观察那些遥远而昏暗的星系。

当我们环顾四周时，我们首先发现恒星和星系并不是均匀地分布在宇宙中，像烤得很好的松饼里的巧克力片一样。取而代之，它们被安排在一些大型结构中，经过140亿年的耐心工作，重力成功地将这些恒星和星系组装在一起。

我们的星系是一个名为"本星系群"的邻近星系集团的一部分。这些星系围绕着一个共同的中心点旋转，在太空中来回摆动，偶尔还会相撞。我们的邻居仙女座星系将在大约50亿年后撞击我们的银河系。我们与附近其他类似的星系团，共同组成了一个数百万光年宽的超星系团。

但像我们所在的这类超星系团并不是宇宙中最大的东西。在过去的几十年里，我们的望远镜揭示出超星系团形成了更大的结构：巨大气泡的墙壁包裹着数十亿立方光年的**虚无**。我们仍在拼凑整个图景，但这些气泡已是我们已知的宇宙中最大结构。

这能告诉我们宇宙的中心在哪里吗？如果我们看到的结构能告诉我们宇宙中心可能在哪里，那就太好了。也许我们可以看到一种模式，比如当你靠近市中心时，建筑物往往会变得更大，或者在中心附近，而星系变得更加拥挤。

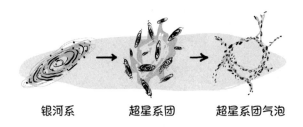

银河系　　　　超星系团　　　超星系团气泡

遗憾的是，这些巨大的气泡也不能告诉我们宇宙的中心可能在哪里。它们似乎一直在相当均匀地向各个方向移动，不会在任何特定的一侧变得更密集，也没有显示出任何可以找到宇宙中心的模式。

来自星系运动的暗示

另一种可能让我们找到宇宙中心的方法，是观察所有星系和超星系团如何运动。毕竟，我们仅仅通过观察所有行星的轨迹就可以知道太阳系的中心在哪里。同样，你可以通过观察星系中所有恒星的轨迹来追踪星系的中心。

结果证明，我们在宇宙中看到的一切也都在移动。事实上，我们认为从最初一刻——宇宙大爆炸起，物质就一直处在运动状态。宇宙中所有物体的运动能告诉我们宇宙的中心在哪里吗？

大多数人把宇宙大爆炸想象成一场爆炸，他们认为宇宙中所有的东西都被压成一个小点，然后在太空中完全爆炸了。所以，如果我们观察一切都在朝哪个方向走，然后倒转时钟，这会告诉我们爆炸的中心在哪里吗？我们能通过对大爆炸进行三角测量找到宇宙的中心吗？

为了弄清楚这一点，我们测量了许多能看到的星系的速度。我们是通过观察它们照射到我们身上的光线的颜色来做到的。就像警笛向你靠近或远离时发出的声音不同一样，如果星系在移动，来自星系的光也会改变频率。远离我们的星系看起来更红，而向我们靠近的星系看起来更蓝。

我们看到了什么？我们看到星系确实在运动，而且它们的运动速度不同。但随后我们注意到了一些令人惊讶的事情：所有星系的运动告诉我们，它们都在远离——地球！

这是否意味着**我们**处于宇宙的中心？大爆炸是**就在此地**发生的吗？现在一切都正飞离这一点吗？

不完全是。要知道，宇宙大爆炸实际上并不是一场爆炸，它更像是一种空间的**扩张**。

有什么区别呢？当炸弹爆炸时，它会把所有东西推离中心，所有碎片都会从一个点移开，如果你颠倒这一路径，碎片会指向原点。这就是为什么很容易分辨出炸弹在哪里爆炸，你要做的就是追踪所有残骸的来源。

但扩张发生在**每个点**上，而不是从一个中心向外。它更像是烤箱里膨胀的一条面包。它不只是从中心向外推动的生长，而是面团中每部分小气泡都同时生长，使面包均匀膨胀。如果你居于膨胀的面包中，那么不管你在哪里，都会看到面包的每一部分都从你身边移开。这就解释了为什么我们会看到物体在各个方向上远离我们：在一个不断膨胀的宇宙中，无论你身处什么位置，你都会看到这一点。

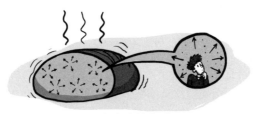

宇宙膨胀起来了

不幸的是，这也意味着我们不能利用宇宙的膨胀判断万物的中心在哪里。就像一条不断膨胀的面包一样，我们知道的就是宇宙无处不在，所以中心可能在这里，也可能在任何地方。

　　同样可悲的是，我们也不能从气泡和超星系团的运动中分辨出中心在哪里。如果它们都在围绕一个中心点的轨道上运行就好了，但到目前为止，它们似乎并没有这样做。

寻找宇宙的外壳

　　所有这一切是否意味着，我们永远找不到单一宇宙的中心了？不一定。

　　你们中的一些人可能会想，一条面包的每一处都在膨胀，并不意味着它没有一个中心。你说得对。一条面包的每一处都在膨胀，它**同时**可以有一个中心，但这取决于面包的形状。

　　定义中心的一种方法是通过几何图形。对于面包来说，这是面包中的一个点，从这个点出发，每个方向都有等量的面包。你可以追踪面包所有边缘（面包皮）的位置，然后通过找到这些边缘的中点来确定这一点。

面包笑话永远不会过时

　　我们能用同样的方法找到宇宙的中心吗？当然可以，但这取决于宇宙**是否有形状**！

　　问题是，我们恰恰不知道宇宙是否有一层像面包一样的外壳。我们无法分辨出可观测宇宙边缘之外是什么，因为我们看不到那么远。但也有几种可能性存在。

宇宙是球状的

如果宇宙确实有一个形状，它**可能**看起来像一条面包，在这种情况下，它就会有一个中心。这个中心可能很重要，它可能包含了一些在大爆炸中最早形成的物质，或者从严格意义上讲，它是宇宙其他部分的发源地。但这个中心也可能并不特别，也许只是一个恰好在中间的地方。以俄克拉何马州为例：它就在美国的中心，但很少有人会认为它特别重要（对不起，俄克拉何马州）。

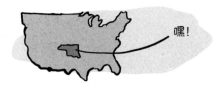

宇宙是无限的

也有可能宇宙在持续做一件事，永远用超级星系团气泡填充太空。"永远"是一个很难把握的概念，但它意味着你可以向任何特定的方向旅行，却永远不会离开宇宙。这听起来可能很奇怪，但许多物理学家说，无限宇宙比有限宇宙更合理。如果宇宙真是无限的，那就意味着一个令人震惊的事情：**宇宙没有中心**。如果你将中心定义为在每个方向上都有相同数量的物质的点，那么无限宇宙中的每个点都满足这个定义，因为在每个方向上都有无限的物质。

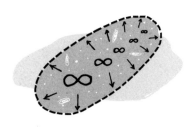

宇宙有一个滑稽的形状

最后一种可能性是，宇宙是一个有限的形状，但这个形状没有存在一个中心的可能。这怎么可能？已经证明，空间可以弯曲，所以它并不总是呈直线。这意味着你可以用各种有趣的方式塑造空间。例如，宇宙自身可能弯曲，就像地球表面弯曲一样。如果是这样，它的中心在哪里？就像地球表面没有中心一样（并不是你，俄克拉何马州），宇宙也可以避免有一个中心。宇宙也可能以一种奇怪的方式弯曲，类似甜甜圈的形状，在这种情况下，宇宙有一个中心，但这个中心不在宇宙内部！

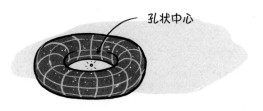

孔状中心

虽然我们似乎不太可能旅行到足够远的地方，亲自检查宇宙是否有外壳，或者它是无限的还是形状像甜甜圈，但我们仍然有可能知道这些可能性中哪一种是真的。通过研究空间的性质并观察我们周围空间的曲率，也许有一天我们能够推断出空间的整体形状。我们将会得知宇宙是永远持续还是循环的，或者宇宙几何中心的大致方向。

中心点

遗憾的是，我们目前并不知道宇宙的中心在哪里，而且我们可能永远也不会知道。我们甚至不知道宇宙是否**存在**一个中心！

但不管宇宙是否有中心，总有一线希望的。我们确信宇宙处处都在膨胀。

我们也知道，大爆炸并不是向一个空旷的地方爆炸，而是空间本身的扩张。在某种程度上，这告诉我们宇宙中的每个地方都同等重要，没有一个地方比其他任何地方更特别。就像面包一样，宇宙中的每个点都是新空间被创造之处，这意味着每个点都是它自己小宇宙的中心。

对于物理学家来说，这种情况感觉更自然，因为物理定律不应该偏袒任何一处。如果有一个中心，那么物理学家会问"为什么是这个点？"还有"为什么不是其他点？"相比之下，假设一个平等的宇宙会让事情简单一些。

所以到最后，也许我们不需要知道宇宙的中心在哪里。我们每个人都可以满足于成为自己可观测宇宙的中心，把自己和别人对宇宙的看法联系起来，并随着宇宙继续向各个方向扩张（可能是无限的）而增长我们对宇宙的认识和感知。

宇宙：你必须逛一逛

附注：要获得额外的家庭作业，可以去谷歌地图搜索"宇宙中心"，然后缩小屏幕看看它在哪里。

我们能把火星变成地球吗？

地球很棒，对吧？这里有令人难以置信的景色、美味的街头小吃和优秀的学校。只要我们爱护它，人类应该能在上面舒适地生活很长一段时间。

但地球是我们唯一可以居住的星球吗？不幸的是，环顾我们的太阳系，没有其他星球拥有同样奢华的设施了，它们上面甚至连合理的温度、可呼吸的大气或表面的液态水这些基本的东西都没有。

即使我们发现了另一个像地球一样的行星，抵达那里也需要几十年、几百年或几千年，除非我们发明出曲率引擎或找到操纵虫洞的方法。或者，如果我们在离家更近的地方找到一间旧房子呢？它可能需要一些处理或刷一层油漆，但我们不需要花几十年的时间挤在一艘臭气熏天的殖民飞船就可以抵达那里，这怎么样？

嗯，只要看看就在隔壁的那颗行星就行了：火星！它需要一些处理和更新一些浴室设备，但它有真正的潜力。它在三个最重要的类别中得分非常高：位置，位置，还是位置。

怎样才能让火星焕然一新呢？我们能让它变得像地球一样美好吗？

生活在火星上

当我们谈到想让火星宜居时，我们的意思是希望它尽可能地与地球相似。从理论上讲，我们可以建造空间站来居住，在那里你必须穿上一套别致的衣服才能外出。你甚至可以建造巨大的穹顶包围城市，并一直待在室内。但那会是一种什么样的生活呢？

一个真正能称为家园的地方，我们希望能够在其中自由漫步，在绿色公园里呼吸新鲜空气，享受这片土地。我们不想穿太空服去散步，也不想为了避免宇宙辐射而涂上大量防晒系数（SPF）2 000的防晒霜。

问题是，火星还没有完全处于可迁入的状态。为了让火星变得更像地球，我们需要改变它现在不适宜居住的几个方面：

· 表面没有液态水。

· 很冷（想想南极洲的一年四季）。

· 没有可呼吸的空气。

· 表面受到有害宇宙射线的轰击。

让我们逐一解决这些问题。

水，到处都有水

大家都知道，水与生命息息相关。（我们所知的）所有生命都需要水才能生存，而且我们认为生命起源于水。当我们环顾太阳系，寻找外星生命的可能性时，首先要问的问题之一就是：哪里有液态水？到目前为止，地球是太阳系中唯一一个在表面发现了液态水的地方。这就是我们想要的：易于获取的液态水，最好是在美丽的湖泊和流动的小溪中。

我想要个水池。

当然，"液体"是这里的关键术语，因为作为一种分子，水在太阳系中其实并不罕见。事实上，天王星和海王星被称为"冰巨星"，因为它们拥有大量固体水。据估计，矮行星谷神星有一半是冰，小行星带中的许多岩石基本上都是巨大的脏雪球。事实上，科学家们认为地球上大部分的水来自遥远的太阳系。年轻而炎热的地球将原始存在的水大量蒸发到太空中，后来彗星和其他冰冷的太空岩石的撞击又补充了水。没错，我们的海洋**充满**融化的宇宙雪球。下次你喝一杯水的时候，记住你正在享受一杯清凉的融化彗星水。

新商机

火星表面绝对没有任何海洋，但它仍然有大量的地上冻水和地下深处的液态水。火星和地球一样，北极和南极比赤道更冷。它的两极被冰覆盖，和地球上的极点一样。那里有大量的冰，如果你能将它们全部融化，火星将被30米深的水覆盖。对于未来生活在那里的人类来说，这些水足够饮用、游泳，并为他们的主题公园建造水滑道。

如果我们希望新家园里拥有海洋和河流，我们要做的就是融化冰，并让它保持融化。但这很棘手，因为火星表面非常冷，而且大气层非常稀薄。任何露天的液态水都会冻结，或者在太空真空中沸腾并成为水蒸气。

好消息是，如果我们能找到一种方法加热火星，同时能找到一种方法给它提供大气层，那么火星就可以拥有液态湖泊和海洋，并且离我们亲爱的地球更近了一步。

让火星温暖

看火星的外观，你可能会想象它的表面是温暖的。毕竟它的表面闪耀着红色的光芒，而且看起来像一片沙漠。但火星实际上非常冷，它的红色全部来自土壤中的氧化铁。火星的平均温度约为零下63摄氏度，比地球南极的温度低得多。

如果我们想要调高火星上的恒温器，让火星成为一个更舒适的居住地，需要考虑是什么为行星带来温度。行星的表面温度主要由两个基本因素决定：

（1）它从太阳获得多少热量。

（2）它能保持住多少太阳的热量。

太阳系中大部分热量来自太阳，因此行星获得的热量取决于它在太阳系中所处的位置。行星离太阳越近，得到的热量就越多。火星获得了很多热量，因为它是距离太阳第四近的行星。但它没有地球得到的多，地球比火星还要近一位。

一个可能的解决方案，是改变火星和太阳之间的距离。我们可以建造一批行星大小的巨型火箭，把它们绑在火星上，把火星推向更近的轨道。一个更便宜但更危险的想法，是使用另一块重岩石作为重力拖船。如果我们能偷到一颗很大的小行星，并把它放在火星附近的轨道上，引力效应就能把火星拉向正确的方向。当然，假设我们不会让那颗小行星撞向地球。

如果以上想法听起来有点疯狂，那么我们也许应该考虑其他有前景的解决方案。例如，我们可以帮助火星保持更多从太阳获得的能量，从而提高火星的温度。行星不会穿着蓬松的羽绒服或大衣来保暖，但它们确实有大气层。大气层不仅是为了呼吸和美丽的日落，多亏有温室效应，大气就像行星的夹克一样。

大气：始终是"热"门配件

当来自太阳的光线照射到行星上时，光线会加热岩石、山脉以及行星表面的所有东西。当这些东西变热时，它们会在红外线中发光。[1]通常情况下，这种能量只会辐射到太空中，然后就消失了，但是如果有大气层，辐射就会被困在里面。关键是大气中要有二氧化碳（CO_2）。

二氧化碳的工作原理就像单面镜，因为它只吸收一种特殊的光：红外线。来自太阳的可见光在进入地球的过程中穿过二氧化碳，但当这些光以红外线的形式被反射回来时，就会被二氧化碳层阻挡，将能量困在里面，使地球变暖。当然，你可以想到二氧化碳过多也会导致地球过热。

火星确实有大气，其中大部分（约95%）是二氧化碳。不过遗憾的是，火星的大气层相当稀薄。就大气压而言，火星的大气压不到地球大气压的1/100。因此，照射在火星上的大部分阳光都会被辐射回太空。

我们可以通过设计大规模的大气改造工程，并增加大气中的二氧化碳含量使火星更加温暖。但要完全实现温室效应，火星实际需要的二氧化碳要比地球大气更多，因为火星获得的阳光比我们少。那么，我们从哪里获得更多

1　这是因为地球和火星比太阳更冷。宇宙中一切事物都以其温度决定发出光的波长。太阳发出可见光，而地球等行星发出红外光。

二氧化碳呢？

到目前为止，地球上的大部分二氧化碳都来自火山喷发，但是火星上没有任何可以喷出二氧化碳的活火山。火星内部寒冷而坚硬，没有流动的熔岩流为火山提供动力。科学家们认为，数百万年前的故事全然不同，那时火星内部是热而熔融的。但是火星比地球小——大约是地球直径的一半，所以它冷却和变硬的速度比地球更快，就像冬天早晨的一小杯咖啡。

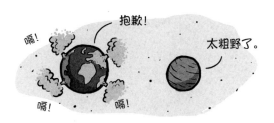

一个好消息是火星上已经有一个我们可以利用的少量二氧化碳来源。火星两极的冰层并不都是由冰冻的水组成的，很多"冰"实际上是冻结的二氧化碳。好！这正是我们需要的。如果我们能以某种方式融化两极，就会释放出大量的水和少量帮助火星保暖的二氧化碳。

遗憾的是，即使你释放了火星两极**所有**的二氧化碳，你也只能得到保持火星温暖所需二氧化碳的约1/50。

我们还能找到其他的二氧化碳来源吗？实际上，太阳系的小行星和彗星中有大量冻结的二氧化碳。一种可能的解决方案是，发射宇宙飞船来推动一些彗星，让它们撞上火星表面。[1]这将需要**大量**的彗星，可能数千或数百万颗。

在你开始建造彗星宇宙飞船之前，还有另一个问题。为火星保暖所需的二氧化碳含量也会使空气有毒，不利于人类呼吸。我们可以忍受肺部中少量的二氧化碳，但如果摄入太多，你就会感到昏昏欲睡，然后头痛，再大脑受损，最终死亡。很不幸，用更多二氧化碳覆盖火星不会有好结局。

---

1 这件事最好在我们派人登陆火星之前做。

不过，还有另一种方法可以让火星变暖。通过巨大的太空镜子，我们可以捕捉更多太阳光，并将其引导到火星表面。有多大？为了收集足以温暖火星的光线，我们需要**和火星一样大**的太空镜。这不是一个小项目，但它将提供我们所需的热量，以释放两极的二氧化碳和水，使火星变得更温暖、更湿润。

哦，是的，氧气

即使我们设法使气温恰到好处，并融化火星极地地区的冰，形成新的河流和湖泊，我们也仍有很多工作要做，才能使火星取代地球。我们需要能够呼吸的空气。具体地说，我们需要氧气！没有人想每次去野餐或向邻居借一杯面粉时，都要戴上呼吸面罩。

虽然氧原子在太阳系中很常见，但我们需要呼吸的氧气却出人意料地难以找到。人类的肺部需要氧气分子O_2，它是一对结合在一起的氧原子。宇宙中有大量氧原子，氧是较轻的元素之一，所以它由恒星中心的聚变产生。但是氧是一种非常友好的原子，它基本上喜欢与周围一切原子结合在一起。在火星上，水（H_2O）和二氧化碳（CO_2）中都有氧气，但几乎没有纯O_2。

在地球上，我们的空气中大约有五分之一是O_2。在我们这个例子中，O_2不是地质学的产物，而是早期生命的副产品。地球上大部分初始氧气是由海洋中的微小生物产生的。这些早期的细菌甚至在植物出现之前很久就开始进行光合作用了。大约25亿年前，这些小生物吸收阳光、水和二氧化碳，并在这个过程中排出氧分子，也就是我们所说的氧气O_2。当时还没有任何呼吸氧气的生命，所以氧气的含量在数百万年（甚至可能是10亿年）里稳步增加。后来，这些微生物合并到植物中，植物继续释放我们呼吸所需的氧气。

太好了，先是彗星水，现在是细菌屁？

我们能以某种方式在火星上实现这一过程吗？听起来很有希望：一台小型生物机器，它将利用阳光、新融化的水和富含二氧化碳的大气为我们创造氧气。更好的是，这些生物可以自己繁殖，所以我们只需要在火星上批量种植它们，它们就会变得更多。这就像是一个全新层面上的众包工作，而我们可以用阳光来支付。

不过，和往常一样，这里有个问题。在地球上，这个过程花了很长时间，可能有10亿年。对我们来说这并非不方便，因为它早在人类出现之前就开始了。如果我们10亿年前就在火星上启动了这个项目，它现在就已经万事俱备了。如果不建造一台时光机，我们是不是注定要等10亿年才能让火星有一个可呼吸的大气层？微生物学家知道很多可以让细菌生长得更快、工作得更努力（并缩短午餐休息时间）的诀窍。但对于微小的生物体来说，这仍然是一项非常艰巨的工作，即使让这一过程加速，也可能需要数千年甚至数百万年的时间。

我们还能用别的方法给火星填充氧气吗？一种解决方案是建立氧气工厂，用化学方法而不是生物方法生产氧气。这听起来可能像是科幻小说，但实际上，作为火星2020任务的一部分，这个设备的早期原型现在正在前往火星的路上。NASA造出这些机器主要是为了制取作为火箭燃料的氧气，从而完成从火星送回样本的任务，但原则上同样的概念也可以用于制造可呼吸的氧气。

这就像污染，但挺好的。

磁场

一旦你花数十亿美元创造了一个良好的大气层（或者奴役了无数细菌为你做这件事），你就会希望大气层一直存在。如果你的大气层像宇宙中蒲公英的茸毛一样被吹走，那将是巨大的失败。

如果你认为这不可能，因为太空中没有能吹走大气的风，那么让我们向你介绍一种完全不同的风。"太阳风"由来自太阳的快速运动粒子组成，主要是质子和电子，相同的反应也产生了美丽的阳光。此外，还有来自深空的粒子，被称为"宇宙射线"。这些粒子没有一种是无害的。实际上恰恰相反，它们相当致命。太空中的宇航员不得不穿戴厚重的防护服来保护自己免受这种有害辐射的伤害。只要有足够的时间，这股高速、微小的子弹流将剥光任何行星的大气层。

值得庆幸的是，地球上有一个令人敬畏的行星保护系统：我们的磁场。电子或质子撞击磁场时，它们会偏转。我们的磁场使许多有害的太阳粒子偏转，使它们与地球擦肩而过，或者螺旋上升到两极，在那里产生耀眼的北极光和南极光。如果没有磁场，我们将受到有害太阳辐射的冲击，这也会剥离我们的大气层。

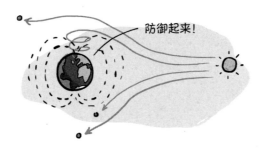

防御起来！

不幸的是，火星没有地球那样的行星磁场。在地球上，我们的磁场是由地球内部熔融的金属河流产生的。然而，火星是一颗较小的行星，它比地球冷却得更早，冻结的核心扼杀了它的磁场。没有磁场，火星表面的任何人都将需要严格的辐射防护措施——衬里有铅的厚重套装。你可不想每次和火星孩子出去踢球的时候都要穿这东西。（"妈妈，我要尿尿……"）因为火星的重力较弱，所以更难将空气分子保持在表面。

我们可能会加热火星的核心，让这些金属再次流动起来，重新启动火星的磁场，但启动整个星球的工程规模我们甚至无法想象。

不过，还是有希望的。也许我们可以造出能做同样工作的东西。NASA的工程师们想出了一个巧妙的主意——建造一个人造磁屏蔽设备，但他们没有试图将其包裹在整个星球上，而是提议建造一个更小的、靠近太阳的磁屏蔽设备。靠近太阳可以让屏蔽设备投射出更大的磁性"阴影"，屏蔽设备将位于太阳和火星之间，它会使大部分太阳风偏转，保护大气不被吹走。

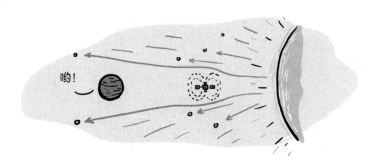

其他的家园呢？

这可能会让你觉得工作量太大了。总而言之，要把火星变成像地球一样的行星，需要：

- 一组巨大的太阳反射镜，用来聚焦阳光使火星变暖。
- 一个超大规模的行星工厂，为我们生产呼吸的氧气。
- 一种基于空间的磁屏蔽，用来保护新火星人和他们的大气免受太阳辐射的影响。

也许你在想，同样靠近的金星或月球会是更好的候选者。

不幸的是，金星的问题和火星相反，它的表面覆盖着大量的二氧化碳，污染空气的同时困住了热量。由于金星距离太阳比地球更近，它获得了更多阳光，这使它的表面温度上升到237摄氏度。所有被困住的能量也使行星表面的大气压力非常大，以致我们发送到金星的航天着陆器只存活了几分钟便被压得粉碎。

当然，这并没有阻止天马行空的科学家提出一些古怪的想法：如果你从金星中挖出二氧化碳（用巨大的勺子？）并使用太空镜来偏转部分太阳光呢？这会让金星变得宜居吗？其他人则提议建造飘浮在金星表面50千米上空的云城。在这个水平上，温度和压力实际上与地球相似。悲剧的是，这些云是由硫酸组成的，因此为房地产宣传册撰写广告文案变得有点棘手："生活在金星上！这里的景色会让你屏住呼吸……就是字面意思！"

我的天才想法

月球就距离地球更近了，但坦率地说，它还不够大。它的质量大约是地球质量的1%，因此它的引力非常弱，以致无法抓住任何大气层。空气中的单个粒子通常会发射到太空中，所以即使我们从地球进口这些"原料"，它们也会在一百年内消失殆尽。

所以在地球附近，火星确实是最好的选择。

我们应该搬家吗？

火星可能是最有希望成为我们第二个家园的地方，但它绝对是一个重要的翻新项目。让火星宜居可能会花费数万亿美元和数千年的时间。这还只是**最初**

的估计，一旦开工，承包商总能想办法向你收取额外费用。

当然，这完全取决于我们搬家的动力有多大。也许我们需要离开地球，因为一颗巨大的小行星即将撞击我们。或者，也许我们破坏了地球的气候，以致地球在未来将变得比火星更不适合居住。如果激励得当，建造巨大的太阳能反射镜阵列和超大规模的氧气工厂可能是我们的最佳选择。火星的表面积约为1.45亿平方英里，从这个角度来看，如果我们最终花费数万亿美元让火星宜居，仍然比在加州购买房产便宜。

我们能建一个曲率引擎吗？

宇宙极其广阔，充满了令我们着迷并且想要探索的地方。遗憾的是，这些地方似乎都超出了我们能触达的范围。

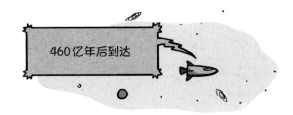

正如我们在前面章节中了解到的，即使我们能弄到一艘宇宙飞船，即使我们可以让飞船速度达到光速的一定比例，还是需要数十万年时间才能到达银河系的另一边，更不用说访问其他星系（数百万光年之外），甚至到可观测的宇宙（数千亿光年）之外了。

这是个明确的限制。"穿越宇宙时，没有比光速更快的速度"，在物理定律中，几乎没有规则像这一事实那样难以被改变。这一极限基于我们对爱因斯坦狭义相对论的理解，已经过大量的测试、探索和验证（真的，我们什么都试过了）。

看来，我们到达遥远的宇宙边缘的唯一途径，是成为一个太空文明，在数百万年或数十亿年的时间里经历无数代之后，缓慢地从一个行星跳跃到另一个行星上。

然而，情况似乎并非如此。电影和书籍让我们习惯性地认为宇宙应该在我们触手可及的范围内。利用合适的技术，你就可以建立巨大的太空帝国，或者探索其他星系。你只需跳上宇宙飞船，按下一个按钮，"呼——"：星星在你面前划过，当你滑入"超空间"（hyperspace）时，光和能量在你周围旋转，然后"砰"的一声，你就抵达了数百万光年以外的地方。

你所需要的东西就是……一个曲率引擎。

但什么是"曲率引擎"呢？它是完全存在于虚构世界的东西，还是真正的物理学家考虑过的东西？它有可能打破科学家们如此珍视的宇宙速度极限吗？让我们按下按钮，看看能不能找到答案。

使科幻变现实

许多技术的进步似乎是通过以下方式发生的：

第一步：科幻作家发明了一个新的小玩意儿，粗浅地解释其中的科学。

第二步：物理学家想办法让这个小玩意儿在理论上变得可行，预想建造它的方法。

第三步：工程师们搞清楚如何建造它，估算需要多少钱。

第四步：如此，如此，如此，它现在就在你的智能手机里了。

物理学家待办清单：
曲率引擎、光剑、
悬浮滑板……

关于曲率引擎，科幻小说家在第一步已经做得很好了，他们想象出了能带你去其他星球的便携曲率引擎。现在轮到物理学家尽一份力了。

乍一看，你可能认为物理学家会说"不"。毕竟曲率引擎似乎打破了他们看似相当坚持的一条规则：比光速更快地抵达某处。在这一点上，物理学不会动摇。**但是**，如果有一件事是大多数青少年都学到的，那就是如果一开始你没有得到想要的答案，就试着问一个不同的问题！

例如，如果你问这样一个问题："我们能建造出穿越太空时速度比光速还快的宇宙飞船吗？"答案肯定是"不行"。但如果你问这个问题："我们能建造一艘宇宙飞船，比光还快地抵达某处吗？"然后你可能会注意到物理学家在最终承认"可能"之前有点犹豫。每个十几岁的孩子都知道"也许"意味着"我想说不，但我需要和你的另一位家长核实一下"的暗号。

这两个问题的关键区别在于"穿过太空"这一短语。如果你读过狭义相对论的要点，就会发现速度限制适用于在空间**中**移动的物体。现在，这似乎没有提供太多的机会，因为所有的东西不都在空间中移动吗？答案是肯定的，但漏洞在于空间……可以被改变。

情况可能会有所变化。
宇宙对因不负责任地
使用空间而造成的
任何损害概不负责。

有一位物理学家
的时候，谁还
需要律师！

从物理学的角度来看，我们可以通过以下三种常见方式探讨曲率引擎的可行性：

- 超空间曲率引擎
- 虫洞驱动的曲率引擎
- 空间弯曲的曲率引擎

让我们深入了解这些想法，看看它们在理论上是否合理，甚至是否真正可行。

超空间（或子空间，或多维空间）的曲率引擎

在许多科幻小说中，曲率引擎得以运作的取巧之处是离开我们正常的空间（宇宙的速度限制在此空间适用），进入其他类型的空间。想必，你可以在这个空间里跑得比光还快，或者这个空间以某种方式把你所在的地方和你想要去的地方连接起来。一旦你在这个超空间旅行一段时间，你就会回到正常的空间。

这种方法适用于科幻小说，允许人物和故事跨越整个银河系，而不需要花数千年坐在宇宙飞船中。但这是否有真正的物理学基础呢？有没有另一种与我们的宇宙平行的空间，能让我们以某种方式进出呢？

　　有时候，与这个概念联系在一起的常见想法是"额外维度"（extra dimensions）。我们知道我们的空间有三个可能的运动方向：你可以称它们为 x、y 和 z，但这些只是随意取的名称。一些物理学家怀疑，可能有更多种运动方式，也就是额外的空间维度。尽管我们很难想象这是如何起作用的，或者它们会在哪里，但它经常出现在弦理论和其他有关引力的创造性理论中。根据这样的理论，这些额外维度与我们的维度不同：它们自己会卷曲起来，关于粒子通过的方式，它们也有不同的规则。

　　这看起来很像我们要找的，对吧？空间的不同部分有不同的新规则。不幸的是，它并不像听起来那样有用。这些额外维度（如果它们存在的话）并不是一个与我们的空间平行的另一类空间，它们只是我们现有空间的延伸。它们无法让你离开你现在所在的空间，只是为你提供更多的粒子运动方式，就像在你的邮寄地址上多加了一行。它能更准确地表示你所在的位置，但不会为你的邮件递送员提供任何快捷方式，从而让你更快地收到邮件。

　　有一种真正的物理理论与这种超空间的概念非常吻合：多重宇宙（multiverse）。这种理论认为在其他地方还可能存在其他宇宙，其他宇宙要么是我们宇宙的另一个版本（在发生量子事件时分裂而成）；要么是具有不同物理定律或不同初始条件的其他空间区域。

　　如果有其他宇宙，它们会让我们在宇宙中跳跃吗？除非它们更小，或者有更高的速度上限，并且以某种方式与我们的宇宙在几个不同的地方相连。这样，你就有可能跳入那个宇宙，旅行一小段距离，然后在一个离出发点很远的地方连接回我们的宇宙。嘿，也许另一个宇宙看起来确实像一个光和能量的旋涡隧道。

然而不幸的是，多元宇宙的想法仍然是极其理论化的。除了可以解释关于我们宇宙的一些怪事之外，我们没有任何理由认为它真的存在。物理学家认为，即使其他宇宙确实存在，它们吸引人的东西（独特的物理规则或交替的量子变化）也可能会让我们的宇宙无法与它们互动。因此，最有可能的情况是我们永远不能在不同宇宙之间连接或旅行。

虫洞曲率引擎

我们宇宙中有一些奇怪的角落，那里的空间被扭曲得面目全非，这是我们从未见过的地方。这一神秘类别中最著名的成员就是黑洞，它们绝对不在我们推荐你参观的地方之列，因为你很难在黑洞中生存下来，也不可能从中返回。

但理论上有一种奇怪的空间折叠，可能让你以超过光速的速度到达一颗遥远的恒星：虫洞。

在科幻小说中，虫洞无处不在。作家将它们作为连接遥远地点的捷径，打开通往邻近星系的门户，建造充满异域情调的房子，使每个房间都位于不同的行星，或者将行星连接成一个银河系帝国。这样，你就可以想象一个作为曲率引擎基础的虫洞：当你按下按钮时，你就打开并穿过了一个虫洞，这个虫洞连接着你和太空中的其他地方。

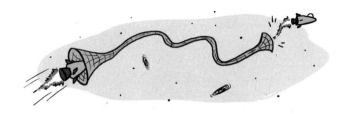

乍一看，虫洞似乎完全不可能存在。难道这不算超光速旅行吗？根据物理学，这不是一个很大的禁忌吗？从 A 点到 B 点的旅行确实受到光速的限制，但前提是你要穿过它们之间的所有空间。

虽然物理学不能改变规则，但事实证明，规则本身允许空间的弯曲和奇怪的连接。当你想到空间时，你想象的可能是宇宙活动的平坦背景，但空间远比这要有趣得多，它可以有各种有趣的形状，并以各种方式连接在一起。空间实际上是宇宙活动的一部分，而不仅仅是背景，因为它会对其中的物质和能量做出反应。物质和能量告诉空间如何弯曲，空间告诉物质如何移动，就像一曲宇宙探戈。

如果空间完全是空的，那它就会显得枯燥而简单。但是如果你在空间中扔下一颗又大又胖的恒星，那么这颗恒星就会弯曲空间。这意味着恒星改变了空间的形状，让物质沿着空间中新的弯曲路径运动。这就是为什么光子即使没有质量也绕着大质量物体弯曲的原因。它们只是随弯曲空间的曲率而弯曲。物理学告诉我们，空间可能有任何平滑变化的形状，虫洞就是其中一种。这是一种奇怪的空间变形，将相距遥远的两个点连接在一起。

虫洞实际上与黑洞有着密切的关系。制造虫洞的一种方法是通过奇点将两个黑洞连接起来，奇点是每个黑洞中心的无限密度点。如果两个黑洞相距很远，那么虫洞就像一条穿越空间的捷径，在两个点之间建立了联系。

但是这种虫洞对我们一点帮助都没有。为什么？因为即使你活下来，进入第一个黑洞（正如我们书中已经讨论过的，这本身就是一个棘手的命题），并旅行到虫洞的另一边，你仍然会被困在另一个黑洞里！你可能已经以比光速更快的速度到达了太空的另一个地方，但你再也不会离开那个点了。

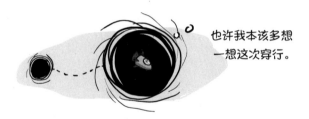

也许我本该多想
一想这次穿行。

对曲率引擎有帮助的虫洞，是一种可以让你从另一边逃脱的虫洞。要做到这一点，唯一的方法是制造一个虫洞，将黑洞与"白洞"连接起来。正如我们在前面提到的，白洞是广义相对论预测的理论对象，与黑洞相反。在白洞里，物体可以逃脱，但永远不能进入。你可以把白洞想象成虫洞的出口。

喷射而出！

显然，使用这种虫洞作为曲率引擎有几个问题。

首先，这是一种单向连接。你也许可以掉进黑洞，穿过虫洞，然后从白洞出来，但换个方向就行不通了。如果你已经想好了如何建造虫洞并移动虫洞的末端，这对你来说可能不是问题，因为这个时候你能够再造一个虫洞回去。

其次，你可能很难在整个经历中幸存下来。进入黑洞绝非易事。即使你选择进入一个大黑洞，以避免被它的潮汐引力撕成碎片，你仍然还要熬过前往黑洞中心的旅程。你如何从奇点的挤压中幸存下来呢？

对此，物理学确实有一个很酷的答案：选择一个旋转的黑洞。我们更喜欢这种黑洞，因为它的中心不是一个小点，而是一个旋转的环。为什么会这样呢？落入黑洞的物体很可能先在吸积盘中绕着黑洞旋转，当它们进入黑洞时，角动量不可能就这样消失。因为奇点没有大小，它就不能旋转，所以它不可能有任何角动量。这就是一个有角动量的黑洞其中心有一个环的原因！如果它连接到一个白洞，那么原则上你可以穿过那个环最终进入白洞。

虫洞也很难一直保持打开的状态。理论预测，虫洞很容易坍塌。中心的奇点环倾向于断开并形成两个独立的、具有两个奇点的黑洞。当这种情况发生时，你肯定不想处在其中。

将虫洞作为曲率引擎的最后一个问题是，到目前为止，这一切都非常理论化。没有人发现虫洞确实存在的证据，所有这些有趣的想法都依赖于广义相对论的正确性（到目前为止，广义相对论已经通过了所有的实验测试）。但我们不知道它在非常极端的情况下是否正确，比如黑洞的中心，那里的量子效应不能被忽视。我们知道黑洞的存在（因为我们已经看到了），但虫洞和白洞目前仍然只是一个概念。我们甚至不知道如何制造一个虫洞。到目前为止，还没有人找到制造虫洞的秘诀，更不用说指定它连接空间中的那些点了。想想看：你的宇宙飞船要有能力创造一种特定的黑洞，然后以某种方式将它与一个很远的白洞连接起来。

尽管如此，如果你能找到一个虫洞，或者想出办法让宇宙按照指令制造出一个虫洞，它们就能被用来让你以极快的速度到达宇宙的另一边。

空间弯曲的曲率引擎

因此，如果超空间真的不存在，而虫洞最终又因为太危险而无法进入，我们是否还可以利用其他巧妙的物理漏洞来制造曲率引擎？事实证明，答案是肯定的。

太空比我们最初想象的要有趣得多。它不是"什么都不是"，而是一种可以摆动（像引力波一样）、弯曲（就是引力）和膨胀（像我们通过暗能量和宇宙的膨胀看到的那样）的东西。空间似乎可以因周围的质量和能量而被拉伸或压缩。

那么，如果我们不像银河系新手那样**穿越**4.2光年的宇宙空间，而是压缩此地和我们想去地方之间的空间，那将会怎么样？如果我们同时拉伸身后的空间，又将会怎么样呢？

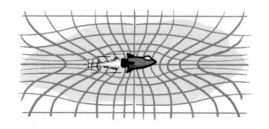

这么做是为了减少你必须穿越的空间量。你可以挤压前面的空间，穿过它，然后拉伸后面的空间，这样空间就恢复正常了。例如，每一步都可能是这样的：你把面前的1 000千米空间压缩到0.1纳米；然后你移动0.1纳米距离，等你穿过之后，再把身后这0.1纳米空间扩回1 000千米。最终结果，尽管你只移动了0.1纳米，但实际上已经穿越了1 000千米。如果能持续这样做，你的宇宙飞船会像在反向曲率气泡（warp bubble）中一样，以令人难以置信的速度向前推进。对身处这个反向曲率气泡中的你来说，你要穿越的4.2光年就变成了4.2千米。当你到达目的地时，你把飞船从气泡中弹出来，转眼间你就到了！

这有点像走一条自动人行步道而非真正步行。物理学对你沿人行道步行速度的限制非常严格，但并不限制人行步道本身的移动速度。同样，物理学对空间相对于自身拉伸、压缩或移动的速度也没有限制。

但是如何**缩小**或**扩展**空间呢？这到底是什么意思？

让空间收缩或弯曲，实际上并不是一件非常棘手的事情，你现在就在做这件事。每次你光顾甜品店，体重增加，你就做得更好。一切有质量的东西都会改变空间的形状，这就是地球绕太阳运行的原因：因为太阳的巨大质量使空间的形状弯曲，就像在蹦床上放一个保龄球。这种弯曲是固有的，它改变了单位时空之间的相对距离。

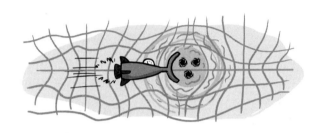

不幸的是，虽然物理学家知道曲率气泡满足广义相对论方程，但他们不知道如何配置物质和能量才能制造出曲率气泡。这就像你有了一个制作复杂甜点的想法，但不知道烘焙它的食谱是什么。

最棘手的部分是，曲率气泡的后半部分必须**扩展**空间。我们知道质量和能量可以压缩空间，但是你如何扩展空间呢？宇宙中的所有空间目前都在膨胀，就和宇宙大爆炸后的最初几分钟一样，而且这种膨胀正在加速。我们认为这是由暗能量造成的，但并不意味着我们知道什么是暗能量。其实正好相反："暗能量"仅仅是我们用来描述宇宙不断膨胀的术语。我们实际上并不知道是什么原因造成的。

为了人为地扩展空间，物理学家提出了另一个疯狂的想法：如果可以用正质量来压缩空间，那么能用**负质量**来扩展空间吗？

负质量？这是什么意思？据你所知，你周围的一切要么没有质量（光子），要么为正质量（你、物质、香蕉）。所以我们说引力是一种纯粹的吸引力。与可以吸引（冰箱贴）或排斥（磁悬浮列车）的磁力不同，引力似乎只吸引，因为我们只看到了正质量。

负质量可能存在吗？理论上可能。但到目前为止，还没有人看到过任何负质量的物质。那将是一种行为方式十分滑稽的怪东西。正质量是吸引的，所以如果我们把一团正质量放在一团负质量旁边，负质量会推开正质量，但正质量会吸引负质量。就像一部青春肥皂剧，你永远不知道谁在追谁，很快就会迷惑不解。

现在，假设我们想出了一种产生负质量的方法，那么我们真的可以让曲率引擎这样工作吗？可悲的是，还有一些其他限制。扩展和压缩空间并不是一件容易的事情，它需要能量。

物理学家首先估计，弯曲曲率引擎前面的空间所需的物质或能量，比宇宙中所有物质的总和都要多。这显然行不通。稍微调整一下计算结果，可以将估算值降至相当于整个木星质量所对应的能量。当你到达另一个星系时，这么大的油箱可能会让你的宇宙飞船很难停靠。

有些人提出要将这个计算结果进一步降低到合理水平，比如相当于一吨质量所对应的能量。但到目前为止，这还处于"物理学家在休息室里讨论"的科学研究层面。目前还没有人真正造出或测试过空间压缩机，所以未来实现这些还很遥远。

曲率引擎研讨会

弯曲的答案

尽管我们很想找到宇宙速度限制的漏洞并征服恒星，但曲率引擎的想法在很大程度上似乎仍然停留在虚构的银河系太空歌剧中。但和往常一样，我们也最好记住，宇宙是不可预测的，人类的进步和创造仍未停止。也许有一天，我们会弄清楚制造黑洞和白洞并将它们通过空间连接在一起的所有细节。或者，也许有一天我们会发现负质量和一些利用能量的新方法，制造出让我们进入曲率气泡的设备，从而快速到达其他星系。

没错，可能性不小。但如果你问父母中的另一位，她/他可能会让你赶快放弃这个想法。

太阳什么时候会爆炸？

对人类来说，阳光灿烂的日子屈指可数了。

从1.5亿千米远的地方看，太阳似乎是一个强大而稳定的存在。它每天都升起，从不间断地向我们释放着赋予生命的能量。但物理学家对太阳的看法截然不同。

对物理学家来说，太阳是一颗不断爆炸的核弹，这个动荡的过程释放出大量能量，仅靠太阳引力的力量控制。下次当你享受一个阳光明媚的下午时，请记住你沐浴在核爆炸的光芒之中。但物理学家们也知道，在这种令人难以置信的混乱现象背后，存在一些结束它的机制，而且有一个内部时钟稳定地向零倒数。太阳的物理学揭示，它灿烂的日子总有一天会结束。

短期内会发生吗，还是说我们有数十亿年时间来计划？让我们看看到底还剩下多少个好日子。

一颗恒星的诞生
（50亿年前，太阳的年龄：0岁）

要了解太阳最终会消亡的原因和时间，我们必须先回到它出生的时候。

太阳并不是在某种剧烈的、戏剧性的事件中诞生的，连一声巨响都没有。相反，这是一个气体和尘埃逐渐积累的过程，大多数气体是原有的普通氢元素。自从宇宙**存在**以来，氢一直是宇宙中最常见的元素。但也有其他更重的元素：在我们的太阳即将诞生时，附近曾经出现并死亡的恒星残留物。

这些巨大的旋涡云团被引力慢慢聚集在一起，引力是宇宙中最弱（但最持久）的力量。但是，这些炽热的旋涡云团中的气体和尘埃粒子移动得太快，无法完全被引力结合在一起，它们也不会形成致密的团块。

太热而不能聚成团块

科学家们不确定是什么最终触发了太阳的形成。可能是磁场帮助捕获了这些粒子，并将它们紧密地束缚在一起。也可能是某些外部事件，比如来自附近超新星的冲击波，使气体粒子被紧紧地推到一起。或许只是时间：最终气体云冷却，移动变慢的粒子开始掉向中心。

不管是什么原因，足够多的东西最终聚集在一起，一个失控过程开始了。气体和尘埃聚集在一个地方，产生更强的引力，吸引更多的气体和尘埃，然后又产生更多引力，以此类推。最终，足够的气体和尘埃聚集在一个地方，形成了恒星的开端。此时才是气体真正开始升温的时刻。

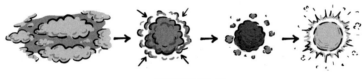

一颗恒星诞生了

聚变向外推
（49亿年前，太阳的年龄：1亿岁）

大约十万年后，引力完成了将主要由氢组成的巨大云团聚集在一起的任务。起初，单个分子会反抗，它们不喜欢太近地挤在一起，因为它们质子的正电荷会相互排斥。让两个质子靠近就像试图把猫放进一桶水里：你必须真的想那么做。幸运的是，引力从未放弃。随着时间的推移，累积的巨大质量不断将质子推到一起，直到有什么事最终突然发生。

如果质子靠得足够近，它们就会克服斥力，开始相互**吸引**。这是因为另一种力开始发挥作用：强核力。这可能是粒子物理学中唯一一件命名得当的东西，因为强核力的确很强。在长距离上，强核力的威力不是很大，但在短距离上，它比使质子分开的电斥力强得多。一旦这种强力将质子聚集在一起，令人难以置信的事情就发生了：核聚变。

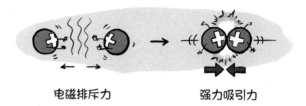

电磁排斥力　　　　　　　　强力吸引力

这两个氢原子的原子核贴在一起，再经过几步，最终会形成一种新元素：氦。几个世纪以来，人们一直试图将一种元素转化为另一种元素（通常是铅转化为黄金），但一直失败，因此称为"炼金术"的全部努力都被认为是胡扯。结果证明，这完全有可能，但只在特殊情况下才有可能，比如位于太阳的中心。[1]

　　氢聚变为氦的惊人之处在于，这个过程会释放出大量能量。产生的氦的质量实际比原来氢原子的质量小，所以额外的质量被转化为能量，然后被中微子和光子带走。如果你对建立原子键可以释放能量感到困惑，只需想一想相反的情况：**打破**原子键通常需要**吸收**能量。

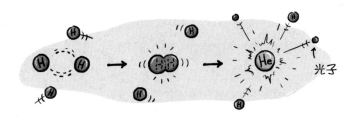

　　这个简单的机制照亮了整个宇宙。因为聚变发生在无数恒星内部，所以我们不必生活在黑暗的虚空中。引力使这一切成为可能，它将不情愿的质子推到一起，直到它们聚变。但现在出现了强烈的反弹。

　　聚变反应释放的能量会迅速冲出来，把一切向外推，并阻止引力进一步将质子挤压到一起。突然之间，一场史诗般的拉锯战发生在两种宇宙力量之间：一种是将一切挤压在一起的引力，另一种是聚变释放出的将引力向后推的能量。这两种力量数十亿年间在太阳这里僵持着。

漫长而缓慢的燃烧
（从49亿年前到未来50亿年后，太阳年龄：1亿到100亿岁）

　　在接下来的100亿年里，太阳就像是两种强大力量的活跃战区：引力和聚变。这部剧中最初的演员（引力）一直把这个恒星的所有物质向内挤压，但是

1　只在质量足够产生压缩质子所需的引力时，这种聚变才会发生。如果只有木星程度的质量，那么只能变成一颗行星。如果木星的质量变成它现在的一百倍，它的核心就会开始聚变，变成一颗红矮星。

聚变产生的能量把一切东西又都向外推。我们的太阳燃烧、发光，并在这种不稳定的平衡中生存了数十亿年。

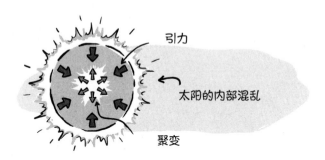

这就是太阳现在的处境。当你抬头仰望（希望你不是直视）太阳时，你看到的是一个同时爆炸和坍塌的巨型球体。我们很难准确了解太阳内部正在发生的事情的规模。在聚变的核心之外，有一个厚度达到56万千米的炙热且在翻腾的等离子体层。核心产生的光子在这些层中不断反弹；直到大约5万年后，核心产生的能量终于自由地迸发到太空中；再大约8分钟后，它们中的一些抵达地球，给我们带来阳光。

在过去的49亿年里，太阳一直以这种方式燃烧；在未来的50亿年里，它还将继续这样做。不过，引力和核聚变之间的平衡不会永远持续下去。悄悄地，恒星内部的时钟已经开始倒计时了。

尽管引力很弱，但它很无情，它会永远持续地吸引恒星内部的所有物质。但聚变需要燃料（氢）并产生废物（氦），这限制了核聚变的持续时间。起初，氦聚集在恒星中心，在那里慢慢积累，不会产生任何反应。但最终，核聚变将开始改变这颗恒星。

氦的密度比氢大，因此核心变得更重，增加了施加在现在主要位于核心区之外的氢的引力。因此，外层会发生更多聚变反应，这使太阳更热、更亮、更大。这些反应增长缓慢：每过1亿年，太阳的亮度就增加1%。但加在一起，40亿年后的太阳亮度将比今天高出40%，这会导致我们的海洋沸腾。

聚变越来越热，太阳变得越来越大。核聚变似乎正在取胜，但它消耗燃料的速度也越来越快，就像疯狂酗酒的摇滚明星一样，它最终会崩溃。

在晚年变得更大
（未来50亿到64亿年，太阳的年龄：100亿到114亿岁）

引力和核聚变之间的斗争持续了数十亿年，核聚变似乎占据了上风。在核聚变开始的100亿年后，核聚变变得非常强大，它实际上甚至逆转了引力，将太阳外层的氢层向外推。

到那时，大约50亿年后，太阳的大小将增长到现在的200倍，地球和地球轨道以内的所有行星都将被太阳包裹其中。太阳的大部分将是蓬松的氢外层，相较太阳的其他部分，氢外层的温度较低，但是按照地球的标准，这将是令人无法忍受的高温。在内太阳系的任何地方，生命基本都不可能存在。

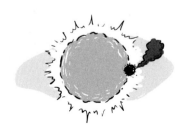

这场聚变力量的戏剧性表演是它最后的欢呼。在将引力击退后，核聚变因为延展范围过大开始衰减。但在最终屈服于引力之前，聚变还留了最后一招。

最后一次闪光
（未来64亿至65亿年，太阳年龄：114亿至115亿岁）

到了114亿岁（64亿年后），太阳将燃烧完核心中的所有氢，耗尽为其与引力作斗争提供动力的燃料。虽然聚变可以在核心周围的氢层中继续，但它不能再抗衡核心区引力所产生的压力。

不过，核聚变还没有完成。当引力将氦核压缩得如此致密，原子从而被挤压在一起时，氦的聚变就开始做与氢相同的事情。瞬间，氦原子将聚变结合成更重的元素，主要是碳。这是一次字面意义上而非比喻性质的"一闪"。被点燃时，氦聚变释放出的光比得上整个银河系的光。幸运的是，它发生在太阳内部，所以太阳辐射不会把人类在木星卫星的殖民地烧掉。

聚变反应产生的碳集中在核心，使我们的太阳成为一个由碳、氦、氢组成的三层三明治。在更大的恒星中，循环将继续，产生更重的元素[1]。但是我们的太阳质量不足以聚变碳，所以氦和氢最终被耗尽，太阳只是……不了了之了。

---

[1] 对大质量恒星来说，核心处的压力变得极大，因此碳聚变为氧，氧又聚变为氖，如此继续。每一次聚变都会更快，但在最大的恒星中，聚变会持续到产生铁为止。铁无法自然聚变，所以这是聚变的尽头。

这个氦聚变阶段从突然爆发开始，但持续时间不长。虽然太阳会燃烧100亿年的氢气，但它只会燃烧约1亿年的氦气。

木星发疯了
（65亿年后，太阳年龄：115亿岁）

当所有燃料耗尽时，聚变就会逐渐停止。太阳的外壳层将抛射出来并形成星云，星云是未来形成行星的原材料。核聚变减弱时，引力继续作用于核心，将剩余的物质聚集成一个非常炽热、密度极高的天体，称为"白矮星"。这颗较小的恒星大约是原始太阳质量的一半，但已被压缩成地球大小的球体。

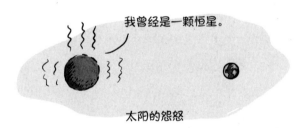

太阳的怨怒

这就把那些在太阳膨胀中幸存下来的外行星推向了危险境地。太阳失去了一半质量后，它对木星和外行星的引力就没那么大了，这使气态巨星的轨道外移到之前距离太阳的两倍左右。考虑到太阳之前的火暴行为，这听起来是个不错的举动，但也使这些行星更容易受到附近经过恒星的引力拖拽。在许多情况中，木星和土星的轨道会变得更加混乱，将剩下的其他行星（海王星和天王星）弹出太阳系，直到只剩下它们两个。最终只会剩下一颗，很可能是木星，它将是唯一一颗绕太阳死核运行的气体巨星。

此刻，没有任何聚变发生，但白矮星仍然闪耀着光芒。就像一块刚从锻造炉中拿出来的白热金属一样，它依靠自身内部的热量发光，而且会持续很长一段时间。

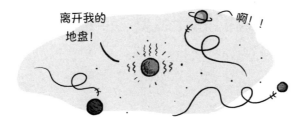

现在太阳被困在这一步。温度还不够高，不足以启动聚变；引力也不足以将原子挤压得更近，将恒星进一步压缩为中子星或者黑洞。

末日（数万亿年后）

一颗白矮星能发光多久？我们真的不知道，因为我们从未见过这样的一颗星变暗。物理学家认为，它可能需要数万亿年才能冷却下来，最终变成一颗黑暗且致密的天体，称为"黑矮星"。但遗憾的是，宇宙现在还不够古老，不足以产生任何黑矮星。

这意味着我们的太阳可能以白矮星的形式存在很长一段时间，甚至数万亿年。尽管它不会像年轻时那样炙热或明亮，但如果我们想放弃木星的临时殖民地并在更近的地方定居，它可能还足够温暖，可以维持人类的生命。当我们坐在白矮星的余烬周围时，人类也许会回想起太阳正常燃烧而我们认为这理所当然的时代，并且讲述那个时代生活的样子。我们会回忆起它内部那持续不断的爆炸，和似乎会永远继续下去的阳光灿烂的日子。

我们为什么要问问题？

当然，我们把最好的留到了最后。

这些年来，大家问了我们很多非常有趣的问题。主题的范围千差万别，既有看似复杂的具体问题（"如果光子没有质量，为什么它们会被引力弯曲？"）也有意义深远的问题（"宇宙到底为什么存在？"）。在这本书中，我们试图回答最常被问到的问题——那些能激发我们对宇宙共同的好奇心的问题，这些问题似乎是人们最关心的问题。

但是有一个常见的问题我们还没有回答。事实上，这可能是我们最常被问到的问题。我们把它留到最后，因为我们认为这是我们通常得到的关于宇宙的最重要的问题。你准备好了吗？这个问题是：

那到底意味着什么？

好吧，这可能不是你想问的问题。对你来说，这甚至都不算一个完整的问题。从语法上讲，你的高中语文老师都会感到尴尬。尽管如此，它还是被提了很多次。

有趣的是，"那到底意味着什么？"并不是人们想问我们的第一个问题。我们通常看到这个问题附在他们真正要问的问题之后。例如，人们有时会写信问我们："嘿，丹尼尔和豪尔赫，宇宙真的有140亿岁吗？那到底意味着什么呢？"或者："说起来，宇宙膨胀的能量从何而来？它真的凭空而来吗？那到底意味着什么呢？"

事实上，我们猜测"那到底意味着什么呢？"并不是大多数人都**希望**问的问题。然而，它通常就在那里，被随意添加在人们最初想让我们回答的任何问题的结尾。

乍一看，它看起来可能像事后的想法，或随意脱口的一句话。但我们认为这实际上是他们的问题中最能说明问题的部分，因为它反映了人们最初提出问题的真正原因。

以下是我们认为会发生的情况：人们通常有一个让他们感到好奇的初始问题，可能关于宇宙的年龄，可能关于我们宇宙中物质和能量的性质，也可能是他们在我们的播客中听到或在其他地方读到的东西。不管问题是什么，它都让人们的头脑运转起来，最终它以一个特定问题的形式具体化。但当问题离开人们的嘴巴或打字的指尖时，他们可能会产生一个想法：**如果得到了答案，我该怎么办？** 当他们考虑到答案可能暗示的所有后果时，他们内心会有一个小小的声音在耳边低语：**那到底意味着什么呢**？

宇宙有140亿岁，这意味着什么？或者说，宇宙从无到有，正在膨胀，这意味着什么？

你看，光知道问题的答案是不够的。答案可能是"是"或"不是"，或者"它来自真空希格斯涨落的史瓦西自我相互作用"，但最终细节并不重要，最终重要的是答案的**意义**，对你生活方式的意义。

你可能认为"宇宙从何而来"这个问题的答案不会改变你的生活。但是，即使答案不会以实际的方式影响你生活的细节，它也会改变一些更重要的东西：你生活的**背景**。根本的答案可能会影响你看待自己以及与更广阔宇宙相连的方式。例如，了解到地球不是宇宙的中心，让人类意识到我们只是更大存在的一小部分，我们不在宇宙的主舞台上。同样，发现宇宙中充满智慧生命，或者发现智慧极其罕见，甚至发现我们是宇宙中唯一有思想的生物，都会深刻地影响我们对自己的看法，以及我们对自己如此独特的认识。

正是对意义和背景的探索赋予这些问题巨大的力量。我们不只想知道一个答案，我们更想理解它，因为这种理解改变了我们对存在的定义。它可以把我们从以为正在生活的舞台上带下来，揭示出我们一直在一个完全不同的舞台上跳舞的事实。

　　关于科学问题的答案，最诱人之处是它们就在我们的掌握之中。这本书中的每一个问题，以及你能想象到的每一个科学问题，都有一个答案。它可能是隐藏的，或者遥远的，或者规模太小。我们现在看不到，但答案**就在那里**。

　　也许有一天我们能够回答这本书中的所有问题。但即便如此，我们可能也别无选择，只能附加上和听众提问的同一个后续问题：这到底意味着什么？

　　这是我们在这本书中无法回答的一个问题。为什么？因为答案对我们每个人来说都不同。我们每个人都可以定义自己的背景，找到自己在这个宇宙中的意义。正是对这些问题的提问揭示了我们是谁，以及我们寻找意义的原因。

　　那么，你经常被问到的问题是什么呢？

致谢

另一个我们最经常被问到的问题："你们怎么找到时间写一本书的？"答案是："在很多人的一点点帮助下！"

我们感谢审阅了早期草稿的朋友和同事：Flip Tanedo, Kev Abazajian, Jasper Halekas, Robin Blume-Kahout, Nir Goldman, Leo Stein, Claus Kiefer, Aaron Barth, Paul Robertson, Steven White, Bob McNees, Steve Chesley, James Kasting, Suelika Chial.

特别感谢我们的编辑Courtney Young，感谢她对我们始终如一的信念、信任以及可靠指导；感谢Seth Fishman总能为我们找到合适的工作地点。感谢Gernert公司的全员，包括Rebecca Gardner, Will Roberts, Ellen Goodson Coughtrey, Nora Gonzalez, Jack Gernert，以及他们的国际伙伴。非常感谢为这本书的出版贡献了时间和才智的Riverhead Books成员：包括Jacqueline Shost, Ashley Sutton, Kasey Feather和May-Zhee Lim。同样感谢Georgina Laycock为这本书（和书名！）播下了灵感的种子，以及John Murray的整个团队。

豪尔赫一如既往地感谢家人，感谢他们一直以来的支持和鼓励。

最重要的是，我们感谢多年来始终关注我们的读者、听众和粉丝，以及他们提出的令人惊叹的问题。

译后记

    Phd Comics是我们都很喜欢的网络漫画。时隔4年，Phd Comics又出新书了。作为它的粉丝，能够再一次翻译这本书，而且还是与同一家出版公司合作，很是开心。这本新书的名字叫《人类知道的太多了》。两位作者是著名的科普作家，他们有自己的科普频道，在长期与听众的交流中，他们整理了许多有意思的问题。相较上一本书，本书更多选取了一些大众更感兴趣并且经常会问的问题，比如"如果我被吸进黑洞怎么办？""来世有可能存在吗？""人类可以被预测吗？""别处还有另一个地球吗？""为什么还没有外星人来拜访我们？"等。每一个对宇宙感兴趣的人都会想到这些问题，它们是我们对于宇宙好奇心的自然涌现。

    回想一下，对周围的这个世界，我们每个人都有好多问题，这似乎是人类的天性。人类通过不断提问来了解世界、认识宇宙。古希腊哲学家苏格拉底也通过不断提问来引导人们认识世界。对一个人来说，孩提时代可以说是最具好奇心的时代，所以脑子里会出现各种奇怪的问题，可以说提问是人类好奇心的外在表现。对于个体而言，提问最终解决了我们心中的一些疑惑；而从人类层面看，不断积累的对于世界的好奇心推动了整个人类文明和社会的发展。对未知世界的好奇让我们发现了新大陆，登上了月球，将探测器送出了太阳系，并且看到了宇宙诞生之初的瞬间。相信有一天，我们也会走出人类的摇篮——地球，深入探索未知的宇宙。

    培根曾经说"知识就是力量"，但更重要的是运用知识的技能。所以也希望大家在阅读此书、获得这些问题答案的同时，还能得到思考问题的能力，这更为重要。在阅读本书的过程中，读者或许会发现，有些问题其实并没有确切的答案。其实答案可能并不重要，重要的是我们在探索问题的过程中学到的分析能力。一本书包含的内容很有限，不过一旦读者获得了分析问题的能力，就如同开始独立行走的婴儿，可以探索更广阔的世界。

如同上一本书，这本新书的写作方式依旧保持了 Phd Comics 一贯诙谐幽默的风格，同时包含了趣味性和科学性。内容呈现方式也与前作类似，它不需要你具备高深的数理基础，是一本人人都能读得懂也会爱读的书。相较原创，翻译不易，但是有趣的好书还是值得去做的。我们几位译者都是利用工作间隙和周末闲暇时间完成，不过我们也追求翻译的准确性和趣味性。为了增加表达的趣味性，原书使用了不少影视作品中的金句和极具文化特色的语句，所以在翻译的过程当中，我们也花了不少的时间去琢磨、相互讨论、查资料、请教好友老师，那些疑点讨论后的豁然开朗也给我们带来了少许精神上的愉悦，让我们更加觉得自己的付出值得。

能够再有机会翻译此书，非常感谢"未读·探索家"总编边建强先生的信任和邀请。非常感谢未读的编辑在后期文字编辑方面做出的帮助，也感谢在翻译过程当中给予过很多帮助的多位朋友，因为大家这本书才能够顺利出版。

不忘初心，方得始终。我们既是译者，也是读者。我们也希望有机会阅读本书的读者喜欢此书并且有所收获。

译者 2022 年春于北京